人工智能核心技术解析及发展研究

曾照华　白富强　著

电子科技大学出版社
University of Electronic Science and Technology of China Press

·成都·

图书在版编目（CIP）数据

人工智能核心技术解析及发展研究 / 曾照华 , 白富
强著 . –– 成都 : 电子科技大学出版社 , 2022.6
ISBN 978–7–5647–9771–3

Ⅰ . ①人… Ⅱ . ①曾… ②白… Ⅲ . ①人工智能–研
究 Ⅳ . ① TP18

中国版本图书馆 CIP 数据核字（2022）第 112521 号

内容简介

人工智能是当前最前沿和热门的技术领域，其发展已经远远超越其最初所处的计算机学科范畴，正在影响着人类社会、经济、文化发展的方向和进程，也必将对人类未来产生重大影响。在此背景下，研究人工智能的核心技术是非常必要的。

本书主要对人工智能的核心技术和未来发展进行探究，内容包括机器学习、语音处理、自然语言处理、人机交互技术、计算机视觉、生物特征识别、知识图谱、人工智能的未来。

本书层次分明、图文并茂，注重知识格局和内容体系的科学性与实用性，适用于对人工智能相关领域感兴趣的读者阅读和参考。

人工智能核心技术解析及发展研究
RENGONG ZHINENG HEXIN JISHU JIEXI JI FAZHAN YANJIU
曾照华　白富强　著

策划编辑　杜　倩
责任编辑　李述娜

出版发行　电子科技大学出版社
　　　　　成都市一环路东一段 159 号电子信息产业大厦九楼　邮编　610051
主　　页　www.uestcp.com.cn
服务电话　028-83203399
邮购电话　028-83201495

印　　刷　北京亚吉飞数码科技有限公司
成品尺寸　170 mm×240 mm
印　　张　14.5
字　　数　230 千字
版　　次　2023 年 3 月第 1 版
印　　次　2023 年 3 月第 1 次印刷
书　　号　ISBN 978–7–5647–9771–3
定　　价　85.00 元

前言 PREFACE

　　人工智能(Artificial Intelligence，AI)是20世纪50年代在美国兴起的一门多学科相互渗透、具有实用价值和重要战略意义的新兴边缘学科，与生物工程、空间工程一起被并列为当代三大尖端科学工程，受到世界各国普遍的重视。人工智能主要研究、开发用于模拟、延伸和扩展人类智能的理论、方法、技术及应用系统，涉及机器人、语音识别、图像识别、自然语言处理和专家系统等方向。人工智能的快速发展将整个社会带入了一个智能化、自动化的时代，所有生活中出现的产品，从设计、生产、运输、营销到应用的各个阶段都或多或少存在着人工智能的痕迹，人工智能正深刻地改变着我们的社会与经济形态，在新世纪的网络和知识经济时代中发挥着重要作用。

　　计算能力提升、数据爆发增长、机器学习算法进步、投资力度加大，这些都是推动新一代人工智能快速发展的关键因素。实体经济数字化、网络化、智能化转型演进给人工智能带来巨大的历史机遇，使其展现出极为广阔的发展前景。人工智能自诞生以来，越来越广泛地应用于不同的领域，包括知识表示、自动推理和搜索方法、机器学习和知识获取、知识处理系统、自然语言理解、计算机视觉、智能机器人、自动程序设计等方面。

　　人工智能正从多层次、多方面对人类及其他动物的自然智能进行模拟、延伸和扩展，不断开拓人工智能的研究领域和开发应用。例如模拟逻辑思维的符号主义，模拟形象思维的连接主义，模拟智能行为的行为主义，模拟生物进化的演化算法，模拟人类社会行为的分布式人工智能，等等。正是一些新技术、新观念被集成在这个领域，使得人工智能又进入一个新时期。本书就是在此背景下撰写的。

人工智能核心技术解析及发展研究

本书主要阐述了人工智能的核心技术和未来发展。全书共8章。第1章至第7章详细阐述了人工智能的核心技术，分别为机器学习、语音处理、自然语言处理、人机交互技术、计算机视觉、生物特征识别、知识图谱。第8章人工智能的未来，阐述了人工智能的复制、机器人技术的进化、人工智能未来发展趋势、人工智能带来的影响及人工智能创新。

本书对机器学习、语音处理、自然语言处理、人机交互技术、计算机视觉、生物特征识别、知识图谱等有较为全面的阐述，有利于帮助相关读者充分掌握人工智能的基本理论，并为其后续深入研究奠定扎实基础。同时，本书体现了人工智能的应用性，除了全面介绍人工智能内容外，注重人工智能与其他学科领域的融合，将人工智能广泛应用到多个行业与领域中去。

本书由曾照华、白富强共同撰写，具体分工如下：

曾照华（山西工程技术学院）：第1章～第4章，共计11.088万字；

白富强（晋中职业技术学院）：第5章～第8章，共计10.791万字。

本书是结合作者多年的教学实践和相关科研成果而撰写的，凝聚了作者的智慧、经验和心血。在撰写过程中，作者参考了大量的书籍、专著和相关资料，在此向这些专家、编辑及文献原作者一并表示衷心的感谢。由于作者水平所限以及时间仓促，书中不足之处在所难免，敬请读者不吝赐教。

作　者

2022年3月

目录 contents

第 **1** 章

机器学习

人工智能近年在语音识别、图像处理等诸多领域都获得了重要进展,在人脸识别、机器翻译等任务中已经达到甚至超越了人类的能力,尤其是在举世瞩目的围棋"人机大战"中,AlphaGo 以绝对优势先后战胜过去 10 年最强的人类棋手、世界围棋冠军李世石九段和柯洁九段,让人类领略到了人工智能技术的巨大潜力。可以说,人工智能技术所取得的成就在很大程度上得益于目前机器学习理论和技术的进步。在可以预见的未来,以机器学习为代表的人工智能技术将给人类未来生活带来深刻的变革。作为人工智能的核心研究领域之一,"机器学习"(Machine Learning)是人工智能发展到一定阶段的产物,其最初的研究动机是为了让计算机系统具有人的学习能力以便实现人工智能。

1.1 机器学习的发展

机器学习是人工智能研究较为年轻的分支,尤其是 20 世纪 90 年代以来,在统计学界和计算机学界的共同努力下,一批重要的学术成果相继涌现,机器学习进入了发展的黄金时期。机器学习面向数据分析与处理,以无监督学习、有监督学习和弱监督学习等为主要的研究问题,提出和开发了一系列模型、方法和计算方法,如基于 SVM 的分类算法、高维空间中的稀疏学习模型等。

在机器学习的发展过程中,卡内基梅隆大学的 Tom Mitchell 教授起到了不可估量的作用,他是机器学习的早期建立者和守护者。时至今日,Tom Mitchell 撰写的《机器学习》仍然被机器学习的初学者奉为圭臬。机器学习发展的重要里程碑之一是统计学和机器学习的融合,其中重要的推动者是加州大学伯克利分校的 Michael Jordan 教授。作为一流的计算机学家和统计学家,Michael Jordan 遵循自下而上的方式,从具体问题、模型、方法、算法等着手一步一步系统化,推动了统计机器学习理论框架的建立和完善,已经成为机器学习领域的重要发展方向。美国科学院院士 Larry Wasserman 在其撰写的 All of Statistics 中指出,统计学家和计算机学家都逐渐认识到对方在机器学习发展中的贡献。通常来说,统计学家长丁理论分析,具有较强的建模能力;而计算机学习具有较强的计算能力和解决问题的直觉,因此,两者有很好的互补,机器学习的发展也正是得益于二者的共同推动。2010 年和 2011 年的图灵奖分别被授予学习理论的奠基人 Leslie Valliant 教授和研究概率图模型与因果推理模型的 Judea Pearl 教授,这具有重要的风向标意义,标志着统计机器学习已经成为主流计算机界认可的计算机科学主流分支。而顶级杂志 Science、Nature 近年连续发表多篇机器学习的技术和综述性论文,也标志着机器学习已经成为重要的基础学科。

1.2　监督学习

为了更好地理解不同类型的机器学习方法,我们首先定义一些基本概念。机器学习是建立在数据建模基础上的,因此,数据是进行机器学习的基础。我们可以把所有数据的集合称为数据集(dataset),如图 1-1 所示。其中每条记录称为一个样本(sample),如图中每个不同颜色和大小的三角形和圆形均是一个样本。样本在某方面的表现或性质称为属性(attribute)或特征(feature),每个样本的特征通常对应特征空间中的一个坐标向量,称为一个特征向量(feature vector)。如图 1-1 数据集中,每个样本具有形状、颜色和大小三种不同的属性,其特征向量可以由这三种属性构成为 $x_i = [shape, color, size]$。机器学习任务的目标是从数据中学习出相应的模型(model),也就是说模型可以从数据中来学习出如何判断不同样本的形状、颜色和大小。有了这些模型后,在面对新的情况时,模型会给我们提供相应的判断。以此为例,在面对一个新样本时,我们可以根据样本的形状、颜色和大小等不同属性对样本进行相应分类。

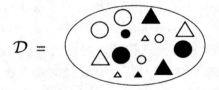

图 1-1　数据集示例

所谓的监督学习,就是我们已知了样本的属性 $x_i = [shape, color, size]$,并同时告诉机器学习模型该样本的类比(即其对应的值)。机器学习的过程就是利用算法建立输入变量 x_i 和输出变量 y_i 的函数关系的过程,在这一过程中机器不断通过训练输入来指导算法不断改进。

监督学习是利用含有标签的数据集对学习模型进行训练,然后得到预测模型,最后利用测试集对预测模型的性能进行评估的学习方法。监督学习模型的一般建立流程如图 1-2 所示。

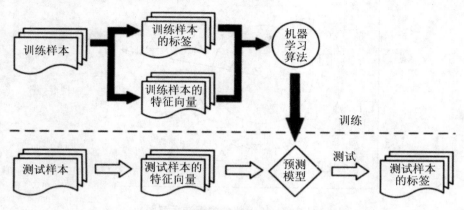

图 1-2　监督学习模型的一般建立流程

本节将选取易于理解及目前被广泛使用的 K 近邻分类算法、决策树分类算法和支持向量机为代表，介绍其基本原理。

1.2.1 K 近邻分类算法

K 近邻分类算法（K-nearest neighbors classification，KNNC）算法是有成熟理论支撑的、较为简单的经典机器学习算法之一。

K 近邻分类算法的核心思想是从给定的训练样本中寻找与测试样本"距离"最近的 k 个样本，这 k 个样本中的多数属于哪一类，则将测试样本归于这个类别中。这好比 k 个样本为测试样本的朋友，它的朋友中多数属于哪一类，则它就属于哪一类。

如图 1-3 所示，如果要决定中心的待预测样本点是属于三角形还是正方形，可以选取训练集中距离其最近的一部分样本点。

但是，KNNC 算法的缺点也是显而易见的，最主要的缺点是对参数的选择很敏感。仍以图 1-3 为例，当选取不同的参数 K 时，我们会得到完全不同的结果。例如，选取 $K=10$ 时（如图中虚线所示），其中有 6 个正方形和 4 个三角形，则待预测样本点被赋予了正方形，即使它可能真的是三角形。KNNC 算法的另一个缺点是计算量大，每次分类都需要计算未知数据和所有训练样本的距离，尤其在遇到训练集非常大的情况，因此在实际应用中被采用的不是很多。

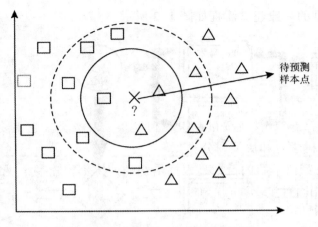

图 1-3　K 近邻分类算法示意图

1.2.2 决策树分类算法

决策树分类（decision free classification，DFC）算法是一种通过对样本数据进行学习，构建一个决策树模型，实现对新数据分类和预测的算法，是最直观的分类算法。决策树是一种树形结构，表示通过一系列规则对数据进行分类的过程。

决策树由 3 个主要部分组成，即决策节点、分支和叶子节点。其中，决策节点即为非叶子节点，代表某个样本数据的特征（属性）；每个分支代表这个特征（属性）在某个值域上的特征值（属性值）；每个叶子节点代表一个类别，如图 1-4 所示。

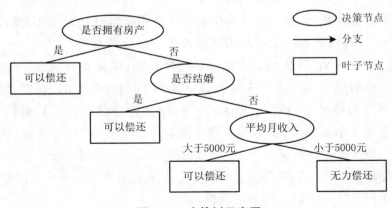

图 1-4　决策树示意图

图 1-4 是一棵结构简单的决策树,用于预测贷款用户是否有能力偿还贷款。其中,贷款用户主要具备 3 个特征,即是否拥有房产、是否结婚和平均月收入,它们所在的节点分别表示一个特征条件,用于判断贷款用户是否符合该特征。叶子节点表示预测贷款用户是否有能力偿还贷款。

决策树分类算法主要借助决策树模型实现分类。它主要包含两部分,即决策树学习和决策树分类。

(1)决策树学习的目标是根据给定的训练集构建一个决策树模型,且该模型能够对实例进行正确的分类。

(2)决策树分类的目的是利用决策树模型对实例进行分类。

综上所述,决策树分类算法的实现流程可用图 1-5 表示。

①创建数据集。

②对数据集进行预处理,得到训练集、验证集和测试集。

③计算训练集中所有特征的信息增益。

④选择信息增益最大的特征作为最佳分类特征。

⑤构建决策树。

⑥根据最佳分类特征分割训练集,并将该特征从数据列表中移除。

⑦训练集分割后得到训练子集,可将其视为新的训练集。

⑧判断分类是否结束,若结束,得到决策树,继续⑨;否则转向③。

⑨对训练集进行训练(学习)后得到决策树。

⑩利用验证集对决策树进行剪枝。

⑪获得简化的决策树模型,并将其应用于测试阶段。

⑫利用决策树模型对测试集进行分类,获得分类结果,算法结束。

1.2.3 支持向量机

支持向量机(support vector machine, SVM)模型是将实例表示为空间中的点,这样映射就使得单独类别的实例被尽可能大地间隔分开。然后,将新的实例映射到同一空间,并基于它们落在间隔的哪一侧来预测所属类别。下面通过一个简单的例子来解释支持向量机。

在图 1-6 中,距离超平面最近的几个训练样本点被称为"支持向量",两个异类支持向量到超平面的距离之和被称为"间隔"。支持向量机的目标就是找到具有"最大间隔"的划分超平面。

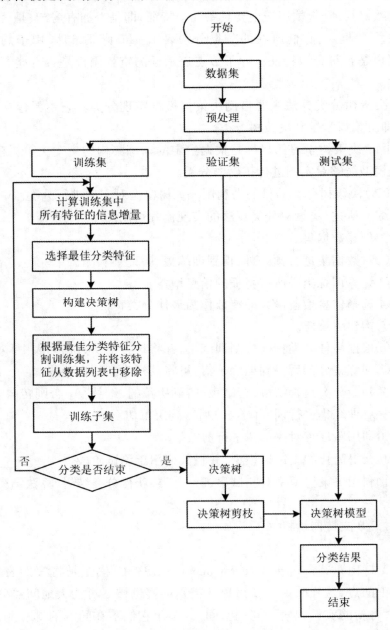

图 1-5　决策树分类算法实现流程

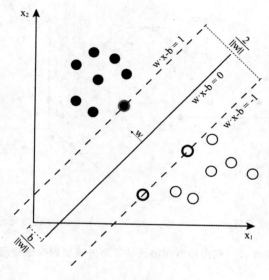

图 1-6   支持向量机

　　需要指出的是,以上问题是支持向量机问题的基本模型,在很多现实问题中往往需要考虑更加复杂的情况。首先,基本型假设训练样本是线性可分的,即存在一个划分超平面能将训练样本正确分类,然而在现实任务中原始样本空间内也许并不存在一个能正确划分两类样本的超平面。如图 1-7（a）所示,实际上无法找到一个线性分类面将图中的实心样本和空心样本分开。为了解决这类问题,相关研究者提出了诸多的解决办法,其中一个重要方法即核方法。这种方法通过选择一个核函数,将数据映射到高维空间,使在高维属性空间中有可能训练数据实现超平面的分割,避免了在原输入空间中进行非线性曲面分割计算,以解决在原始空间中线性不可分的问题。如图 1-7（b）所示,通过将原来在二维平面上的点映射到三维空间上,即可以利用一个线性平面将图中的实心样本和空心样本分开。

　　由于核函数的良好性能,计算量只和支持向量的数量有关,而独立于空间的维图 1-7 利用核方法将线性不可分映射到高维空间度;而且在处理高维输入空间的分类时,这样的非线性扩展在计算量上并没有比原来有显著的增加。

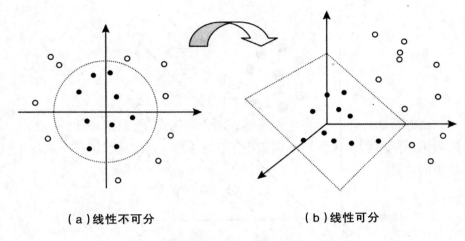

（a）线性不可分 （b）线性可分

图 1-7 利用核方法将线性不可分映射到高维空间

1.3 无监督学习

1.3.1 什么是无监督学习

无监督学习是在没有标签的数据集里发现数据之间潜在关系的学习方法。例如，根据聚类或一定的模型得到数据之间的关系。无监督学习是一种没有明确目的的学习方法，无法提前知道结果，且它的学习效果几乎无法量化。无监督学习模型的一般建立流程可用图 1-8 描述。

图 1-8 无监督学习模型的一般建立流程

下面以小朋友对水果的分类为例说明无监督学习的学习过程。桌子上随意摆放了 8 个未知种类的水果，它们具有不同的外部特征，如颜色、形状等。有一个小朋友第一次见这些水果，不认识它们是什么种类的水果。其中，未知种类的水果是无标签的数据集，水果的外部特征是数据集的特征向量。

小朋友通过观察水果的颜色和形状,发现有些水果的颜色和形状相同。因此,可将相同颜色和形状的水果放在一起。小朋友观察水果外部特征并发现规律的过程就是无监督学习的训练过程。

小朋友发现规律之后,将所有具有相似特征的水果放在一起,得到 n($n<8$)堆水果。这 n 堆水果就是数据间的关系体现。

虽然目前无监督学习的使用不如监督学习广泛,但这种独特的方法论为机器学习的未来发展方向给出了很多启发和可能性,正在引起越来越多的关注。

有监督学习与无监督学习的区别如下。

(1)有监督学习是一种目的明确的训练方式,即可以提前预知结果;而无监督学习则是没有明确目的的训练方式,即无法提前预知结果。

(2)有监督学习使用的数据需要提前打上标签;而无监督学习不需要给数据打上标签。

(3)在有监督学习中,预测模型性能的判断标准是预测值越贴近目标标签或目标值越好;而在无监督学习中,模型性能没有明确的判断标准。

同监督学习相比,无监督学习具有很多明显优势,其中最重要的一点是不再需要大量的标注数据。如今,以深度学习为代表的机器学习模型往往需要在大型监督型数据集上进行训练,即每个样本都有一个对应的标签。比如,目前在图像分类任务当中被普遍使用的 ImageNet 数据集有一百多万张人为标记的图像,共分为 1000 类。而谷歌公司更是表示要着手建立 10 亿级别的数据集。很显然,要创建如此规模的数据集需要花费大量的人力、物力和财力,同时也需要消耗大量的时间。

机器学习中,采用无监督学习方法建模的任务有聚类任务。

1.3.2 聚类任务

聚类是按照某个特定标准把一个数据集分割成不同的类,使得同一个类内的数据对象之间相似性尽可能大,同时不在同一个类中的数据对象之间差异性也尽可能大。可见,聚类后同一类的数据尽可能聚集到一起,不同类数据尽量分离。

简单来说,聚类是将样本集分为若干互不相交的子集,即样本簇。聚类算法的目标是使同一簇的样本尽可能彼此相似,即具有较高的类内相似度(intra-cluster similarity);同时不同簇的样本尽可能不同,即簇间的相似度(inter-cluster similarity)低。

聚类任务是指根据输入的特征向量寻找数据(没有标签)的规律,并将类似的样本汇聚成类,如图1-9所示。聚类任务常用于对目标群体进行多指标划分。例如,现有多个客户的购物记录数据,且未对数据进行标记,通过聚类任务将具有相同购物习惯的客户汇聚成类,不同类中的客户购买的商品种类不同,店铺运营即可根据该反馈信息向客户推荐相关商品。

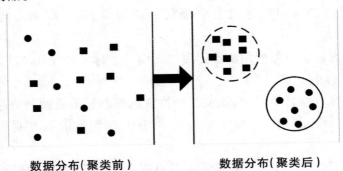

数据分布(聚类前)　　　　　数据分布(聚类后)

图1-9　聚类任务

由于聚类任务中的数据没有标签,所以不知道输入数据的输出结果是什么,但是可以清晰地知道输入数据属于数据的哪一类。

聚类任务的求解过程可简化为以下5步。

(1)数据预处理,包括选择数量、类型和特征的标度。

(2)定义一个衡量数据点间相似度的距离函数。

(3)进行聚类或分组,即将数据对象划分到不同的类中。

(4)评估聚类结果。一般来说,通过几何性质来评价聚类结果的质量,包括类间的分离和类内部的耦合。

聚类任务中常用的方法有很多,如划分聚类方法、层次聚类方法、基于密度的方法、基于网格的方法和基于模型的方法等,它们的简介如表1-1所示。

表 1-1　常用聚类方法

聚类方法	简介	代表算法
划分聚类方法	根据某特征向量将含有 N 个样本或示例的数据集划分成 K（$K<N$）个分组，每一个分组就代表一个聚类	K 均值聚类算法、K-MEDOIDS 算法、CLARANS 算法等
层次聚类方法	对给定的数据集进行类似层次的分解，直到满足某种条件为止。根据层次分解的顺序可分为自底向上和自顶向下两种	BIRCH 算法、CURE 算法、CHAMELEON 算法等
基于密度的方法	只要一个区域中点的密度大过某个域值，就把它加到与之相近的聚类中	DBSCAN 算法、OPTICS 算法、DENCLUE 算法等
基于网格的方法	将数据空间划分成有限个单元的网格结构，所有的处理都以单个的单元为对象	STING 算法、CLIQUE 算法、WAVE-CLUSTER 算法等
基于模型的方法	给每一个聚类假定一个模型，然后去寻找能够很好地满足这个模型的数据集	基于统计的模型、基于神经网络的模型等

下面详细介绍划分聚类方法中的 K 均值聚类算法。

K 均值聚类算法（K-means clustering algorithm）也称为 K-means 算法，是很典型的基于距离的聚类算法，它采用距离作为相似性的评价指标，即认为两个样本数据的距离越近，其相似度就越大。

K 均值聚类算法的基本思想是基于给定的聚类目标函数，采用迭代更新的方法，按照数据对象间的距离大小，将数据集划分为 K 类。每一次迭代过程目标函数都是向减小的方向进行，最终聚类结果使目标函数取得极小值，因此获得较好的聚类效果。

需要指出的是，K 均值算法对参数的选择比较敏感，也就是说不同的初始位置或者类别数量的选择往往会导致完全不同的结果。如图 1-10 所示，当指定 K 均值算法的簇的数量 $K=2$ 后，如果选取不同的初始位置，实际上我们会得到不同的聚类结果。而在图 1-11 中可以看到，当簇的数量 $K=4$，我们同样会得到不同的聚类结果。对比图 1-10 和图 1-11 会发现，当设置不同的聚类参数 K 时，机器学习算法也会得到不同的结果。而很多情况下，我们无法事先预知样本的分布，最优参数的选择通常也非常困难，这就意味着算法得到的结果可能和我们的预期会有很大不同，这时候往往需要通过设置不同的模型参数和初始位置来实现，从而给模型学习带来很大的不确定性。

（a）K=2：颜色　　　　（b）K=2：形状　　　　（c）K=2：大小

图 1-10　基于 K 均值算法的样本聚类（一）

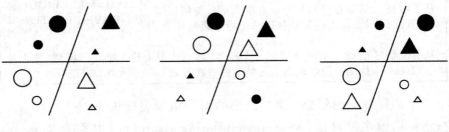

（a）K=4：颜色、形状　　（b）K=4：形状、尺寸　　（c）K=4：尺寸、颜色

图 1-11　基于 K 均值算法的样本聚类（二）

K 均值聚类算法是一种已知聚类类别数的划分算法，其算法实现流程可用图 1-12 描述。

（1）输入数据集大小 N 和聚类个数 K。

（2）随机选取 K 个数据点作为初始聚类中心。

（3）计算每个数据对象到各聚类中心的距离。

（4）将数据对象归到离它最近的聚类中心所在的类。聚类中心和分配给它的数据对象就代表一个聚类。

（5）重新计算每个类的平均值，并更新为新的聚类中心。

（6）判断是否满足终止条件，若满足，则继续；否则，转向（3）。

（7）输出聚类结果，聚类结束。

K 均值聚类算法凭借原理简单、实现容易和收敛速度快等优点在多个领域有着广泛的应用，如发现不同的客户群（商业领域）、对基因进行分类（生物领域）、向客户提供更合适的服务（电子商务）等。

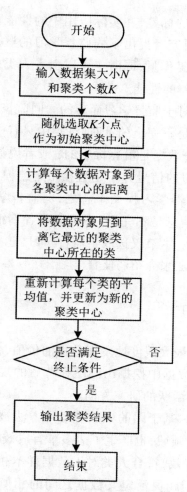

图 1-12　K 均值聚类算法实现流程

1.4　弱监督学习

　　监督学习技术通过学习大量标记的训练样本来构建预测模型,在很多领域获得了巨大成功。但由于数据标注的本身往往需要很高成本,在很多任务上都很难获得全部真值标签这样比较强的监督信息。而无监督学习由于缺乏制定的标签,在实际应用中的性能往往存在很大局限。针对这一问题,相关研究者提出了弱监督学习的概念,弱监督学习不仅可以降低人工标记的工作量,同时也可以引入人类的监督信息,在很大程度上提高无监督学习的性能。

弱监督学习是相对于监督学习而言的。同监督学习不同,弱监督学习中的数据标签允许是不完全的,即训练集中只有一部分数据是有标签的,其余甚至绝大部分数据是没有标签的;或者说数据的监督学习是间接的,也就是机器学习的信号并不是直接指定给模型,而是通过一些引导信息间接传递给机器学习模型。总之,弱监督学习涵盖的范围很广泛,可以说只要标注信息是不完全、不确切或者不精确的标记学习都可以看作是弱监督学习。本节仅选取半监督学习、迁移学习和强化学习三个典型的机器学习算法来介绍弱监督学习。

1.4.1 半监督学习

半监督学习可以最大限度地发挥数据的价值,使机器学习模型从体量巨大、结构繁多的数据中挖掘出隐藏在背后的规律,也因此成为近年来机器学习领域比较活跃的研究方向。

在半监督学习中,基于图的半监督学习方法被广泛采用,近年来有大量的工作专注在此领域,也产生了诸多卓有成效的进展。基于图的半监督学习算法简单有效,符合人类对于数据样本相似度的直观认知,同时还可以针对实际问题灵活定义数据之间的相似性,具有很强的灵活性。该方法的代表性论文也因此获得了 2013 年国际机器学习大会"十年最佳论文奖",由此也可以看出该范式的影响力和重要性。

近年来,随着大数据相关技术的飞速发展,收集大量的未标记样本已经相当容易,而获取大量有标记的样本则较为困难,而且获得这些标注数据往往需要大量的人力、物力和财力。例如,在医学图像处理当中,随着医学影像技术的发展,获取成像数据变得相对容易,但是对病灶等数据的标识往往需要专业的医疗知识,而要求医生进行大量的标注往往非常困难。由于时间和精力的限制,在多数情况下,医学专家能标注相当少的一部分图像,如何发挥半监督学习在医学影像分析中的优势就尤为重要。另外,在大量互联网应用当中,无标记的数据量是极为庞大甚至是无限的,但是要求用户对数据进行标注则相对困难,如何利用半监督学习技术在少量的用户标注情况下实现高效推荐、搜索、识别等复杂任务,具有重要的应用价值。

1.4.2 迁移学习

迁移学习是另一类比较重要的弱监督学习方法,侧重于将已经学习过的知识迁移应用到新的问题中。对于人类来说,迁移学习其实就是一种与生俱来的能够举一反三的能力。比如我们学会打羽毛球后,再学打网球就会变得相对容易;而学会了中国象棋后,学习国际象棋也会变得相对容易。对于计算机来说,我们同样希望机器学习模型在学习到一种能力之后,稍加调整即可以用于一个新的领域。

随着大数据时代的到来,迁移学习变得愈发重要。现阶段,我们可以很容易地获取大量的城市交通、视频监控、行业物流等不同类型的数据,互联网也在不断产生大量的图像、文本、语音等数据。但遗憾的是,这些数据往往都是没有标注的,而现在很多机器学习方法都需要以大量的标注数据作为前提。如果我们能够将在标注数据上训练得到的模型有效地迁移到这些无标注数据上,将会产生重要的应用价值,这就催生了迁移学习的发展。

在迁移学习当中,通常称有知识和量数据标注的领域为源域,是我们要迁移的对象;而把最终要赋予知识、赋予标注的对象称作目标域。迁移学习的核心目标就是将知识从源域迁移到目标域。

目前,迁移学习主要通过三种方式来实现。

(1)样本迁移。即在源域中找到与目标域相似的数据并赋予其更高的权重,从而完成从源域到目标域的迁移。这种方法的好处是简单且容易实现,但是权重和相似度的选择往往高度依赖经验,使算法的可靠性降低。

(2)特征迁移。其核心思想是通过特征变换,将源域和目标域的特征映射到同一个特征空间中,然后再用经典的机器学习方法来求解。这种方法的好处是对大多数方法适用且效果较好,但是在实际问题当中的求解难度通常比较大。

(3)模型迁移。这也是目前最主流的方法。这种方法假设源域和目标域共享模型参数,将之前在源域中通过大量数据训练好的模型应用到目标域上。比如,我们在一个千万量级的标注样本集上训练得到了一个图像分类系统,在一个新领域的图像分类任务中,我们可以直接利用之前训练好的模型,再加上目标域的几万张标注样本进行微调,就可以得到很高的精度。这种方法可以很好地利用模型之间的相似度,具有广阔的应用前景。

迁移学习可以充分利用既有模型的知识,使机器学习模型在面临新的任务时只需要进行少量的微调即可完成相应的任务,具有重要的应用价值。目前,迁移学习已经在机器人控制、机器翻译、图像识别、人机交互等诸多领域获得了广泛应用。

1.4.3 强化学习

强化学习也可以看作是弱监督学习的一类典型算法。通常有两种不同的策略:一是探索,也就是尝试不同的事情,看它们是否会获得比之前更好的回报;二是利用,也就是尝试过去经验当中最有效的行为。强化学习给我们提供了一种新的学习范式,它和我们之前讨论的监督学习有明显区别。强化学习处在一个对行为进行评判的环境中,使得在没有任何标签的情况下,通过尝试一些行为并根据这个行为结果的反馈不断调整之前的行为,最后学习到在什么样的情况下选择什么样的行为可以得到最好的结果。在强化学习中,我们允许结果奖励信号的反馈有延时,即可能需要经过很多步骤才能得到最后的反馈。而监督学习则不同,监督学习没有奖励函数,其本质是建立从输入输出的映射函数。就好比在学习的过程中,有一个导师在旁边,他知道什么是对的、什么是错的,并且当算法做了错误的选择时会立刻纠正,不存在延时问题。

总之,由于弱监督学习涵盖范围比较广泛,其学习框架也具有广泛的适用性,包括半监督学习、迁移学习和强化学习等方法已经被广泛应用在自动控制、调度、金融、网络通信等领域。在认知、神经科学领域,强化学习也有重要研究价值,已经成为机器学习领域的新热点。

第2章

语音处理

语音处理是研究语音发声过程、语音信号的统计特性、语音的自动识别、机器合成以及语音感知等各种处理技术的总称(图 2-1)。由于现代的语音处理技术都以数字计算为基础,并借助微处理器、信号处理器或通用计算机加以实现,因此也称数字语音信号处理。

图 2-1　语音处理

2.1 概述

语音是人的发声器官发出的具有一定语言意义的声音,是人类交流信息的基本手段,是最自然、最有效、最方便的人际交互工具,是语言的声学表现形式。

语音学是语言学的一个分支,主要研究语音的发音机制、语音的声学特性和语音的听觉感知过程。语音信号处理是以语音学和数字信号处理为基础的综合性学科,涉及声学、计算机、通信、模式识别、人工智能、心理学、生理学等多个学科。

语音信号中除了含有语义信息外,通常还包含说话人特征、情感、性别、年龄、方言、语言类别等信息,当有外部干扰时,通常还包含噪声等。人类的听觉感知系统对语音的表现形式和环境的变化具有良好的适应性,可以轻易过滤掉噪声及其他干扰声,并提取出其中的有用信息。

除了面对面进行语音交流外,语音通常需要经过处理后才能应用于不同场合。经典的语音信号处理多是由任务驱动的,这就导致了语音信号表示不能灵活地适应不同说话人、不同噪声环境等因素,因此难以取得更稳健和更理想的处理效果。

经典的语音信号处理中,语音信号的表示多采用统计建模和参数映射的方式。在分析语音信号特点的基础上,基于语音产生机理和模型,提取相应的语音特征参数,建立语音特征参数与相关信息的映射关系,最后利用这种映射关系来实现语音的各种应用任务。经典方法已在语音信号处理的不同领域得到了广泛应用。

随着人工智能、大数据、高性能计算等技术的快速发展及其在语音处理中的应用,语音处理正迈向崭新的智能语音处理阶段。

2.1.1 经典语音处理

传统的语音应用系统大多基于经典的语音处理方法,经典语音处理经历了很长的发展历程,其主要特点是以语音产生和语音感知为研究重点,以语音短时平稳和线性模型为基本假设,通过语音特征参数提取和数字信号处理的手段来实现语音处理的目标。

语言信息主要包含在语音信号的参数之中,因此准确而迅速地提取语言信号的参数是进行语音信号处理的关键。常用的语音信号参数有:共振峰幅度、频率与带宽、音调和噪声、噪声的判别等。后来又提出了线性预测系数、声道反射系数和倒谱参数等参数。这些参数反映了发音过程中的一些平均特性,而实际语言的发音变化相当迅速,需要用非平稳随机过程来描述,因此,20 世纪 80 年代之后,研究语音信号非平稳参数的分析方法迅速发展,人们提出了一系列的快速算法,还有利用优化规律实现以合成信号统计分析参数的新算法,极大地推动了语音编码和语音识别等技术的发展。图 2-2 给出了经典语音处理的基本框图。

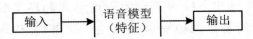

图 2-2 经典语音处理的基本框图

当语音处理向实用化发展时,人们发现许多算法的抗环境干扰能力较差。因此,在噪声环境下保持语音信号处理能力成为了一个重要课题,这促进了语音增强的研究。一些具有抗干扰性的算法相继出现。当前,语音信号处理日益同智能计算技术和智能机器人的研究紧密结合,成为智能信息技术中的一个重要分支。

语音信号处理在通信、国防等部门中有着广阔的应用领域。为了改善通信中语言信号的质量而研究的各种频响修正和补偿技术,为了提高效率而研究的数据编码压缩技术,以及为了改善通信条件而研究的噪声抵消及干扰抑制技术,都与语音处理密切相关。随着语音处理技术的发展,可以预期将在更多部门得到应用。

尽管语音处理的研究已经经历了几十年的发展,并已取得许多成果,但还面临着许多理论和方法上的实际问题。例如,在语音编码技术方面,能否在极低速率或甚低速率下取得满意的语音质量?在语音增强技术方面,能否在极其恶劣的背景下获取干净的语音信号?在语音识别技术方面,能否进一步提高自然交流条件下的识别性能?在人机语音交互方面,能否进一步提高机器通过语音交流理解语义的能力?

2.1.2 智能语音处理

机器学习的快速发展,为智能语音处理奠定了坚实的理论和技术基础。智能语音处理的主要特点是从大量的语音数据中学习和发现其中蕴含的规律,可以有效解决经典语音处理难以解决的非线性问题,从而显著提升传统语音应用的性能,也为语音新应用提供性能更好的解决方案。本节将介绍智能语音处理的基本概念、基本框架和基本模型。

2.1.2.1 智能语音处理的基本概念

为简化处理,经典的语音处理方法一般都建立在线性平稳系统的理论基础之上,这是以短时语音具有相对平稳性为前提条件的。但是,严格来讲,语音信号是一种典型的非线性、非平稳随机过程,这就使得采用经典的处理方法难以进一步提升语音处理系统的性能,如语音识别系统的识别率等。

随着机器人技术的不断发展,以机器人智能语音交互为代表的语音新应用迫切要求发展新的语音处理技术与手段,以提高语音处理系统的性能水平。近十年来,人工智能技术正以前所未有的速度向前发展,机器学习领域不断涌现新技术、新算法。特别是新型神经网络和深度学习技术等极大地推动了语音处理的发展,为语音处理的研究提供了新的方法和技术手段,智能语音处理应运而生。

至今为止,智能语音处理还没有一个精确的定义。广义上来说,在语音处理算法或系统实现中全部或部分采用智能化的处理技术或手段均可称为智能语音处理。

2.1.2.2 智能语音处理的基本框架

"声源－滤波器"模型虽然能够有效地区分声源激励和声道滤波器,对它们进行高效的估计,但语音产生时发声器官存在着协同动作,存在紧耦合关系,采用简单的线性模型无法准确描述语音的细节特征。同时,语音是一种富含信息的信号载体,它承载了语义、说话人、情绪、语种、方言等诸多信息,分离、感知这些信息需要对语音进行十分精细的分析,对这些信息的判别也不再是简单的规则描述。单纯对发声机理、信号的简单特征采用人工手段去分析并不现实。

类似于人类语言学习的思路,采用机器学习手段,让机器通过"聆听"大量的语音数据,并从语音数据中学习蕴含其中的规律,是有效提升语音信息处理性能的主要手段。与经典语音处理方法仅限于通过提取人为设定特征参数进行处理不同,智能语音处理最重要的特点就是在语音处理过程或算法中体现从数据中学习规律的思想。图2-3给出了智能语音处理的三种基本框架,图中虚线框部分有别于经典语音处理方法。包含了从数据中学习的思想,是智能语音处理的核心模块。其中,图2-3(a)是在经典语音处理特征提取的基础上,在特征映射部分融入了智能处理,是机器学习的经典形式,图2-3(b)和图2-3(c)是表示学习的基本框架。其中图2-3(c)是深度学习的典型框架,"深度层次化的抽象特征"是通过分层的深度神经网络结构来实现的。

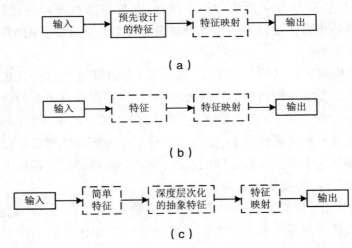

图2-3 智能语音处理的基本框架

2.1.2.3 智能语音处理的基本模型

智能语音处理是智能信息处理的一个重要研究领域,智能信息处理涉及的模型、方法、技术均可应用于智能语音处理。智能语音处理的基本模型和技术主要来源于人工智能,机器学习作为人工智能的重要领域,是目前智能语音处理中最常用的手段,而机器学习中的表示学习和深度学习则是智能语音处理中目前最为成功的智能处理技术。

图 2-4 展示了人工智能(Artificial Intelligence,AI)、机器学习(Machine Learning,ML)、表示学习(Representation Learning,RL)及深度学习(Deep Learning,DL)的相互关系。

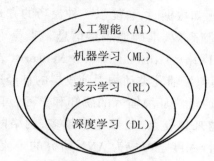

图 2-4　AI/ML/RL/DL 的关系图

下面列出了近年来在智能语音处理中常见的模型和技术。

（1）稀疏与压缩感知。

一个事物的表示形式决定了认知该事物的难度。在信息处理中,具有稀疏特性的信号表示更易于被感知和辨别,反之则难以辨别。因此,寻找信号的稀疏表示是高效解决信息处理问题的一个重要手段。利用冗余字典,可以学习信号自身的特点,构造信号的稀疏表示,并进一步降低采样和处理的难度。这种字典学习方法为信息处理提供了新的视角。对语音信号采用字典学习,构造语音的稀疏表示,为语音编码、语音分离等应用提供了新的研究思路。

（2）隐变量模型。

语音的所有信息都包含在语音波形中,隐变量模型假设这些信息是隐含在观测信号之后的隐变量。通过利用高斯建模、隐马尔可夫建模等方法,隐变量模型建立了隐变量和观测变量之间的数学描述,并给出了从观测变量学习各模型参数的方法。通过参数学习,可以将隐变量的变化规律挖掘出来,从而得到各种需要的隐含信息。隐变量模型大大提高了语音识别、说话人识别等应用的性能,在很长一段时间内都是智能语音处理的主流手段。

（3）组合模型。

组合模型认为语音是多种信息的组合,这些信息可以采用线性叠加、相乘、卷积等不同方式组合在一起。具体的组合方式中需要采用一系列模型参数,这些模型参数可以通过学习方式从大量语音数据中学得。这类模型的提出,有效改善了语音分离、语音增强等应用的性能。

（4）人工神经网络与深度学习。

人类面临大量感知数据时,总能以一种灵巧的方式获取值得注意的重要信息。模仿人脑高效、准确地表示信息一直是人工智能领域的核心挑战。人工神经网络（Artificial Neural Network,ANN）通过神经元连接成网的方式,模拟了哺乳类动物大脑皮层的神经通路。和生物的神经系统一样,ANN通过对环境输入的感知和学习,可以不断优化性能。随着ANN的结构越来越复杂、层数越来越多,网络的表示能力也越来越强,基于ANN进行深度学习成为ANN研究的主流,其性能相对于很多传统的机器学习方法有较大幅度的提高。但同时,深度学习对输入数据的要求也越来越高,通常需要有海量数据的支撑。ANN很早就应用到了语音处理领域,但由于早期受到计算资源的限制,神经网络层数较少,语音处理应用性能难以提升,直到近年来深层神经网络的计算资源、学习方法有了突破之后,基于神经网络的语音处理性能才有了显著的提升。深度神经网络可以学到语音信号中各种信息间的非线性关系,解决了传统语音处理方法难以解决的问题,已经成为当前智能语音处理的重要技术手段。

2.1.3 语音处理的应用

语音处理的应用非常广泛,最基本的应用就是语音的数字传输。图2-5列出了语音处理典型的传统应用领域和新应用领域。

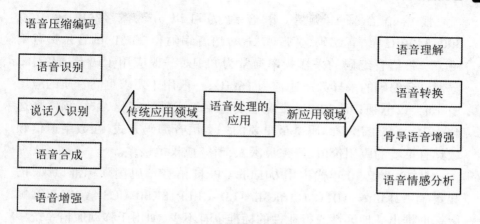

图 2-5　语音处理的典型应用

下面简要介绍一下这些应用。

2.1.3.1　语音处理的传统应用领域

语音处理的传统应用领域主要包括语音压缩编码、语音识别、说话人识别、语音合成、语音增强等。

（1）语音压缩编码。

语音编码是语音通信和语音存储的基础，目的是对数字语音进行压缩，以提高语音的传输效率，减小语音占用的存储空间。相对于模拟语音，数字语音具有抗干扰能力强、易于复制和保存等优点，但其占用空间大。例如，1min 采用 44.1kHz 采样率，16 位采样精度的双声道语音信号占用的存储空间高达 10MB。如此大的数据量给语音的存储和传输带来了极大挑战。实际上，数字语音中含有大量的冗余信息，通过各种语音编码技术去除语音信号的冗余度，就可以达到对语音压缩的目的。

语音编码有两种实现方式：波形编码和参数编码。波形编码以波形逼近为原则，尽可能低失真地重构语音波形。波形编码方式可以合成出质量很高的语音，但压缩效率不高。参数编码以语音信号模型为基础，通过对语音信号的模型参数进行量化编码来实现。参数编码由于模型参数编码数据量较小，因此其压缩效率很高，但语音质量不如波形编码。综合波形编码和参数编码两者的优点，采用混合编码方式可以在编码效率和语音质量两方面获得较好的折中。

根据语音采样频率,语音编码可以分为窄带(电话带宽 300~3400Hz)语音编码、宽带(7kHz)语音编码和 20kHz 的音乐带宽编码。窄带语音编码的采样频率通常为 8kHz,一般应用于语音通信中;宽带语音编码的采样频率通常为 16kHz,一般用于要求更高音质的应用中,如会议电视;而 20kHz 带宽主要适用于音乐数字化,采样频率高达 44.1kHz。窄带语音编码是最重要的一类语音编码方式,在数字通信领域具有重要的应用价值,研究最深入,研究成果也最多。

自 20 世纪 70 年代推出 64Kbit/s PCM 语音编码国际标准以来,已相继有 32Kbit/s ADPCM、16Kbit/s LD-CELP、8Kbit/s CS-ACELP 等国际标准推出。地区性或行业性的标准也有不少,如用于移动通信系统中的语音编码,美国国防部制定的军用 4.8Kbit/s CELP 和 2.4Kbit/s MELP 语音编码标准等,目前编码速率在 2.4Kbit/s 以上时,所合成的语音质量已得到认可,并已广泛应用。实现窄带语音编码(特别是中低速率)的设备通常称为声码器(Vocoder),在需要进行加密传输数字语音的应用场合,声码器具有不可替代的作用。

(2)语音识别。

让机器"听懂"人类口述的语言,与机器进行语音交流,一直是人类追求的目标。语音识别的研究目的是将人类的口语信号转变为相应的文本或指令。它包括两个方面的含义:

一是将人类口述的语言逐词逐句转换为相应的文本,即书面语言。

二是将口语中的命令或要求提取出来,使机器能够接收人的口语指令,理解人的意图,从而做出正确的响应。

语音识别系统的实现难度较大,虽然在实验室理想环境中可以取得很高的识别率,但是在实际应用中极易受环境噪声的影响,识别性能急剧下降。因此,语音识别技术的商品化还存在许多待解决的问题。

语音识别起源于 20 世纪 50 年代的"口授打字机"梦想,科学家在掌握了元音的共振峰变迁问题和辅音的声学特性之后,相信从语音到文字的过程是可以用机器实现的,即可以把普通的读音转换成书写的文字。

语音识别的应用很广,如语音录入、语音翻译、声音控制、机器人语音交互等,将语音识别与语音合成结合起来还可以实现极低比特率的语音通信系统。

近年来,随着机器学习技术在语音识别中的应用,语音识别系统已在多种场合得到成功应用。目前研究的重点是进一步提高语音识别系统的环境适应性,提高机器人人机交互、实时语音翻译等场合中语音识别的性能。

（3）说话人识别。

语音信号既包含说话人的语言信息,同时也包含说话人本身的特征信息。说话人识别与语音识别类似,都是通过提取语音信号的特征参数,根据训练阶段得到的声学模型对特征参数进行判别,判断其属于哪一类。它们的区别主要在于识别目的不同:语音识别的目的是提取不同说话人同一词语发音的共性,即要消除说话人的个性特征,以免影响识别的准确率,提取语音的语义信息;说话人识别的目的是提取语音信号中不同说话人之间的个性特征,即不同说话人之间的特征差异。

说话人识别又分为说话人确认和说话人辨认:前者是确认说话人的身份,说话人说一句或几句测试语句,算法从测试语句中提取说话人的特征参数,并与存储的特定语音的参数进行比较,只需做出"是"或"否"两种判断,可以取得很高的识别率;而后者需要判断当前发音属于若干个候选说话人中的某一个,其实现难度较大。

从语音信号处理的角度来看,两者基本上是相同的,都需要确定选用的参数和计算距离的准则。比较的方法与识别语音的方法相类似。参数的选择原则,一是要能反映说话人的个性,二是要兼顾识别率和复杂程度。比较简单的特征参数是基音和能量,也可以用 LPC 参数、共振峰、MFCC 参数等,也有用语谱图来识别的,称为"声纹"。

提高说话人识别准确率受制于很多因素。语音是动态变化的,与说话人所处的环境、说话时的情绪和身体状况关系很大。识别难度很大,但在很多领域都有实际价值,如:

①用通过电话信道的语音进行"说话人识别",由于电话频带窄,有失真、噪声大,不同信道条件各异,识别十分困难,但这方面的研究具有重要的实际价值。

②在"辨认"说话人时,语句往往不能规定,在没有指定语句条件下的识别也较困难。必须有更多的样本用作训练和测试,以降低误识率。这类无指定测试语句的说话人识别称为"与文本无关"的说话人识别,而在有指定语句条件下进行的识别称为"与文本有关"的说话人识别。

（4）语音合成。

语音合成的目的是将存储在计算机中的文字或符号变成声音，即让计算机说话。语音合成是语音识别的逆过程。语音合成是一项比较成熟的语音处理技术，目的是让机器"说话"，将以其他形式存储的信息转换为语音。文语转换技术是语音合成的一个重要分支，目的是将文字智能地转化为自然语音流。文语转换是一项比较成熟的语音处理技术，合成的语音质量较高，已经广泛应用于自动报站、电话查询、语音玩具等领域。

最简单的语音合成应当是语音响应系统，其实现技术比较简单。在计算机内建立一个语音库，将可能用到的单字、词组或一些句子的声音信号编码后存入计算机，当输入所要的单字、词组或句子代码时，就能调出对应的数码信号，并转换成声音。

规则的文字–语音合成系统是将文字转换成语音，让计算机模仿人来朗读文本。系统具有以下作用：有一个存储基本语音单元的音库；当用各种方式输入文字信息时，计算机能将文字内容按照语言规则，转换成由基本音元组成的序列；按说话时声音单元（简称"音元"）连接的规则控制音元序列，输出连续自然的声音。这种系统也称为"文本–语音转换"（TTS）系统。建立音库时对语音单元的选择是一个很重要的问题。因为一种语言的音素通常只有几十个，采用音素作为音元可以降低存储容量，但用音素合成语音非常复杂，而且自然度较差。

更高层次的合成是"按概念或意向到语音的合成"。要将"想法、意向"组成语言并变成声音，就如大脑形成说话内容并控制发声器官产生声音一样。

（5）语音增强。

语音增强是语音信号处理的基础，是消除语音通信中噪声干扰的有效方法，目的是从背景噪声中提取、增强有用语音信号，抑制、降低噪声干扰，尽可能从带噪语音信号中提取纯净的原始语音。实际生活中，语音不可避免地要受周围环境背景噪声、传输系统内部噪声甚至其他说话者的干扰。噪声会降低语音的可懂度，影响接收者的情绪，很强的噪声甚至会完全掩蔽语音，使语音变得完全不可懂。因此，在语音编码、语音识别、语音合成等语音处理系统的前端有必要采取语音增强技术抑制环境噪声，提高语音质量。

噪声按干扰语音的方式分为加性噪声、乘性噪声（卷积噪声）和非线性噪声。一般来说,环境背景噪声是加性噪声,传输系统内部的噪声是乘性噪声。加性噪声又可分为冲击噪声、周期噪声、宽带噪声和语音干扰。冲击噪声可用阈值法在时域直接滤除；周期噪声可用陷波器滤除；语音干扰可根据它们的基音差别用梳状滤波器提取有用信号的基音和各次谐波,再恢复有用语音信号。宽带噪声和语音信号在时域和频域上完全重叠,消除这种噪声较为困难,一般需采用非线性处理方法。

语音增强仍然是目前语音处理领域的研究重点,融合传统和智能处理技术的语音增强算法也在持续研究中。

2.1.3.2 语音处理的新应用领域

除了传统的应用领域之外,语音理解、语音转换、骨导语音增强、语音情感分析等语音处理新应用领域也越来越受到人们的广泛关注。

（1）语音理解。

人们通常更方便说话而不是打字,因此语音识别软件非常受欢迎。口述命令比用鼠标或触摸板点击按钮更快。语音理解是利用知识表达和组织等人工智能技术进行语句自动识别和语义理解,即让计算机理解人所说的话的含义,是实现人机交互的关键。语音理解与语音识别的主要区别是对语法和语义知识的充分利用程度。

语音理解起源于美国,1971 年,美国远景研究计划局（ARPA）资助了一个庞大的研究项目,该项目要达到的目标叫作语音理解系统。由于人们已经掌握了很多语音知识,对要说的话能有一定的预见性,因此人对语音具有感知分析的能力。语音理解研究的核心是依靠人对语言和谈论的内容所具有的广泛知识,利用知识提高计算机理解语言的能力。

利用知识提高计算机理解能力,不仅可以排除噪声的影响,理解上下文的意思并能用它来纠正错误,澄清不确定的语义,而且能够处理不符合语法或意思不完整的语句。一个语音理解系统除了包括原语音识别所要求的部分之外,还必须增加知识处理部分。知识处理包括知识的自动收集、知识库的形成、知识的推理与检验等。当然,还希望能自动地进行知识修正。因此,语音理解可以看作信号处理与知识处理的产物。语音知识包括音位知识、音变知识、韵律知识、词法知识、句法知识、语义知识以及语用知识。这些知识涉及语音学、汉语语法、自然语言理解以及知识搜索等许多交叉学科。

实现完善的语音理解系统是非常困难的,然而面向特定任务的语音理解系统是可以实现的,例如飞机票预售系统,银行业务、旅馆业务的登记及询问系统等。

（2）语音转换。

语音转换的目标是把一个人的声音转换为另一个人的声音。在实际研究和应用中,语音转换通常是指改变一个说话人(源说话人)的语音个性特征(如频谱、韵律等),使之具有另外一个特定说话人(目标说话人)的个性特征,同时保持语义信息不变。

（3）骨导语音增强。

骨导语音增强是一种改善骨导麦克风所拾取的语音质量的技术。

骨导麦克风是一种非声传感器设备,人说话时声带振动会传递到喉头和头骨等部位,骨导麦克风通过采集这种振动信号并转换为电信号来获得语音(骨导语音)。

虽然骨导麦克风具有很强的抗噪性能,但由于人体传导的低通性能以及传感器设备工艺水平的限制等,骨导语音听起来比较沉闷、不够清晰,骨导语音增强的目的就是对骨导语音进行处理以提高其语音质量。

与气导语音相比,骨导语音存在高频衰减严重、辅音音节损失、中低频谐波能量改变等特征差异,其中以高频成分衰减严重最为突出。针对这个问题,传统的骨导语音增强方法主要有无监督频谱扩展法和均衡法等。目前,大多数的骨导语音增强采用基于谱包络转换的方法。

（4）语音情感分析。

语音情感分析就是根据语音中蕴含的情感特征来判断说话人说话时的情绪。

人在说话时,除了表达语义信息外,通常还会融入一定的情感信息。例如,说同样一句话,如果说话人表现的情感不同,在听者的感知上就可能有较大的差别,甚至会得到完全相反的感受。因此,语音情感分析成为语音处理中一个十分重要的研究分支。

情感分类是实现语音情感分析的前提,不同学者提出不同的分类方法,而最基本的情感分类是基于喜、怒、惊、悲的四情感模型。

语音情感分析通常基于语音情感特征提取和情感分类模型来实现。

语音之所以能够表达不同的情感,是因为语音中包含了能反映情感特征的参数。情感的变化通过特征参数的差异来体现。因此,从语音中提取反映情感的特征参数是实现语音情感分析的重要步骤。一般来说,语音信号中的情感特征往往通过语音韵律的变化表现出来。研究表明,可以从时间构造、振幅构造、基频构造、共振峰构造等方面来研究语音情感特征的变化,进而提取反映语音情感的特征参数。例如,当说话人处于不同情感状态时,说话的语速、音量、音调等都会发生变化。愤怒状态时,语速通常要快一些,音量会变大,音调也可能会变高。

提取出反映情感信息的特征后,语音情感分析就依赖情感分类模型来实现。学者们经过研究已经找到很多情感分类方法,其中主成分分析法、混合高斯模型法、人工神经网络法可以在语音情感分析方面取得较好的识别效果。

2.2 语音识别

语音识别是让机器通过语音识别方法把语音信号转换为相应的文本的技术。语音识别方法一般采用模式匹配法,包括特征提取、模式匹配及模型训练三方面。

（1）对语音的特性作提取,形成一个特征向量。

（2）在训练阶段,用户将词汇表中的每一词依次读一遍,并且将其特征向量作为模式存入模式库。在语音处理中需要用到大量的人工智能技术,包括知识与知识表示、知识库、知识获取等内容。重点使用的是知识推理、机器学习及深度学习等方法,特别是其中的深度人工神经网络中的多种算法。此外,还与大数据技术紧密关联。

2.2.1 语音识别的基本原理

图2-6为连续语音识别系统的原理框图,主要由特征提取、声学模型、声学解码、词表匹配、语言模型和语言解码等模块组成。

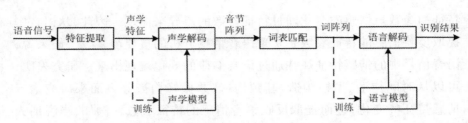

图 2-6　连续语音识别系统的原理框图

2.2.1.1 特征提取

在特征提取模块,语音信号经过数字化、分帧、加窗、离散傅里叶变换等一系列处理,生成特征矢量序列。语音是一种非平稳的随机信号,但是在较短时间段内(10~30ms),可认为人的声带振动和声道形状保持不变。这段时间内的语音信号是平稳的,所以语音信号是一种短时平稳的随机信号。目前,常用的语音识别系统多以美尔频率倒谱系数(Mel-Frequency Cepstral Cofficients, MFCC)为特征参数。如果输入语音是训练语音,则输出的声学特征用于训练,生成声学模型。如果输入语音为测试语音,则用声学模型对特征矢量序列进行声学解码,得到音节阵列。

2.2.1.2 声学模型建立

语音识别的模型通常由声学模型和语言模型两部分组成。声学模型用于描述每个基本语音单元特征矢量的概率分布,在训练阶段由语音库中每个基本语音单元的多个说话人的训练语音特征矢量训练生成。自 20 世纪 80 年代以来,声学模型基本上以概率统计模型为主,特别是隐马尔可夫模型 / 高斯混合模型(HMM/GMM)结构。

长短时记忆模块(LSTM)的引入解决了传统简单循环神经网络梯度消失等问题,使得循环神经网络框架可以在语音识别领域实用化并获得了超越深度神经网络的效果,目前已经使用在业界一些比较先进的语音系统中。当前语音识别中的主流循环神经网络声学模型框架主要包含两部分:深层双向循环神经网络和序列短时分类输出层。其中深层双向循环神经网络对当前语音帧进行判断时,不仅可以利用历史的语音信息,还可以利用未来的语音信息,从而进行更加准确的决策;序列短时分类使得训练过程无须帧级别的标注,实现有效的端对端训练。

2.2.1.3 语言模型建立

语言模型对应于音节到字概率的计算,亦即对语言中的词语搭配关系进行归纳,抽象成概率模型。这一模型在解码过程中对解码空间形成约束,不仅减少计算量,而且可以提高解码精度。

近年来深度神经网络的语言模型发展很快,在某些识别任务中取得了比统计语言模型(N–Gram 模型等)更好的结果,但它不论训练和推理都显著慢于 N–Gram,所以在很多实际应用场景中,很大一部分语言模型仍然采用 N 元文法的方式。N–Gram 会计算词典中每个词对应的词频以及不同的词组合在一起的概率,用 N–Gram 可以很方便地得到语义得分。

将 N–Gram 模型用加权有限状态转换机(Weighted Finite State Transducer,WFST)的形式加以定义,获得了规范的、可操作的语义网络。在 WFST 概念出现以后,对语义网络的优化、组合等操作都建立起了严格的数学定义,可以非常方便地将两个语义网络进行组合、串联、组合后再进行裁剪等。将 N–Gram 词汇模型、发音词典串联后展开,得到了基本发音音素的语义搜索网络。

2.2.1.4 解码搜索

解码是利用语音模型和语言模型中积累的知识,对语音信号序列进行推理,从而得到相应语音内容的过程。

一般的解码过程是通过统计分析大量的文字语料构建语言模型,得到音素到词、词与词之间的概率分布。语言解码过程综合声学打分及语言模型概率打分,寻找一组或若干组最优词模型序列以描述输入信号,从而得到词的解码序列。

语音的解码搜索是一个启发式—局部最优搜索问题。早期的语音识别在处理十多个命令词识别这样的有限词汇简单任务时,往往可以采用全局搜索。

整个语音识别的大致过程总结如下:根据前端声学模型给出的发音序列,结合大规模语料训练得到的 N–Gram 模型,在 WFST 网络上展开,从 N–Gram 输出的词网络中通过 Viterbi 算法寻找最优结果,将音素序列转换成文本。

2.2.2 鲁棒语音识别

目前,语音识别系统在实验室理想环境下已经取得了很好的性能。然而,在实际应用中,如果测试环境与训练环境不匹配,识别器的性能就会急剧恶化。语音自身的变异性及外部环境因素的影响是导致环境失配的主要原因。语音不仅传输语言信息,而且包含说话者自身大量的信息,如年龄、健康、心情、性别、方言等。不仅不同说话者的语音有差异,而且同一说话者不同时间段、不同心情发出的语音也不相同。在训练阶段,可用的训练数据通常是有限的,无法覆盖所有可能的声学变异性。此外,在实际环境中,信道失真和背景噪声往往是不可避免的,它们会导致特征矢量与预先训练的声学模型严重失配,甚至使识别器完全失效。外部环境噪声和语音本身的变异性是语音识别走向实际应用的主要障碍,因此研究噪声补偿和说话人自适应技术,提高语音识别系统的鲁棒性,具有非常重要的意义。

语音信号的变异性具体表现在以下五个方面:

(1)协同发音的影响。

语音信号的声学特征通常会受与之相连的语音的影响,因此同一个词在不同的上下文中其声学特征会有较大的变化。此外,相同的发音也有可能表示不同的信息。

(2)语言本身复杂性的影响。

一个语句所表达的意思,是与上下文内容、说话时的环境以及文化背景等因素密切相关的,而且语句的语法结构也是多变的。这些语境信息在统计语音识别中几乎是无法利用的。

(3)说话人自身发音变异性的影响。

由于受年龄、情绪、健康状况、说话速度等因素的影响,语音的声学特征会发生很大的变化。因此,即使同一说话人在不同时间发同一语音,其声学特征也会有差异。

(4)不同说话人的影响。

不同说话人的声带结构不一样,因此发出的语音有较大的差异。

（4）外部环境因素对语音的影响。

语音信号容易受环境的影响而发生变化,背景噪声、混响、麦克风、传输信道等都会导致测试语音与训练语音之间极大的差异性。

由于以上影响,实验室环境下得到的高性能语音识别系统在实际应用中的效果经常不尽人意,甚至完全不可用。因此,越来越多的研究人员投入语音识别的鲁棒性研究中,努力提高语音识别系统的实际应用能力。

环境失配是由于测试语音与训练语音的声学特性相差过大导致的,在测试阶段,训练语音表现为声学模型。因此,从前端特征空间和后端模型空间两个方面来减小环境失配的影响。

在特征空间,通过鲁棒特征提取和特征补偿两种方式提高语音识别系统的鲁棒性。人耳即使在较强噪声环境下也有一定的分辨能力,受环境变化的影响较小。因此,可以根据人耳的听觉特性构建一些鲁棒性较好的特征提取方法,如 Seneff 模型、EIH 模型和相对谱（Relative Spectra, RASTA）。根据这些模型提取的声学特征受外部环境的影响较小,测试语音特征与训练语音特征保持较高的相似性。

特征补偿算法通过估计含噪语音与纯净语音之间的偏差,对噪声环境下提取的特征矢量进行补偿,尽可能将其恢复成纯净语音特征矢量。语音增强是一种有效的抗噪声处理技术,它可以从含噪语音中提取较为纯净的语音,将其用于语音识别前端,可以减小噪声对语音识别系统的影响。但是,语音增强的目的是提高语音的信噪比和可懂度,并未考虑语音识别的声学特征,因此其性能有一定限制。与此对比,基于模型的特征补偿算法是一种更加有效的鲁棒语音识别算法,它用一个高斯混合模型（Gaussian Mixture Model, GMM）描述纯净语音特征参数的分布;在识别阶段,首先根据噪声参数调整 GMM 的均值和方差,使之与测试环境匹配,然后根据含噪语音特征矢量的后验概率,用最小均方误差（Mini-mum Mean Squared Error, MMSE）方法估计纯净语音特征参数。

在模型空间,可以通过模型自适应或并行模型组合调整隐马尔可夫模型的参数,使之与实际环境中提取的声学特征相匹配。通用模型自适应根据测试环境下的少量自适应数据调整模型参数,使之与测试环境相匹配,可同时克服噪声、说话人及其他语音变异性的影响。并行模型组合则是一种噪声补偿算法,它根据静音段得到的噪声信息,通过非线性失配函数对模型参数进行调整,使模型参数与含噪语音特征矢量相匹配。

2.2.3 语音识别技术的发展

长期以来,语音识别系统在对每个建模单元的统计概率模型进行描述时,大多采用的是混合高斯模型(GMM)。不过GMM本质上是一种浅层网络建模,对特征的状态空间分布不能充分描述。其特征维度一般也就几十维,对特征之间的相关性也不能进行充分描述。因而,GMM建模是一种似然概率建模,能力有限。

2011年,微软公司在识别系统研究方面取得成果,这种基于深度神经网络的成果,对语音识别原有的技术框架进行了彻底的改变。

采用深度神经网络后,可以充分描述特征之间的相关性,可以把连续多帧的语音特征并在一起,构成一个高维特征。由此,深度神经网络就得以采用高维特征训练来模拟,最终形成较为理想的适合模式分类的特征。在线上服务时,深度神经网络的建模技术能够和传统的语音识别技术进行无缝对接,大幅度提升了语音识别系统的识别率。这样的语音识别系统比传统的GMM语音识别系统的误识别率下降了25%。

Google公司是最早采用深层神经网络进行声音建模的工业化应用企业之一。其产品中采用的深度神经网络有四五层。相比而言,百度采用的深度神经网络达到了9层,所以百度更好地解决了深度神经网络在线计算的技术难题。因而,百度在拓展海量语料的DNN模型训练方面占有更大的优势。

由于深度神经网络的采用,使得语音识别技术得到了广泛应用。语音导航、语音拍照、语音拨号、语音唤醒等功能,已经成为各智能应用上最普遍的终端。另外,智能语音操控也由当初的聊天功能发展成为帮助用户解决实际问题的功能性应用。现在,几乎所有的主流智能手机都带有一定程度的语音功能,如苹果公司的iOS、谷歌公司的Android、微软公司的Windows Phone等。在这方面,智能语音正在走向成熟,智能语音控制已成为行业发展的一大特色。

随着智能操作系统时代的来临,平板电脑、智能家居和智能汽车等产品不断出现,语音识别功能被引入越来越多的应用当中。由此,语音智能系统迎来了新的机遇。这其中，随着语音识别技术的提高，智能语音由"听话"变为了"懂话"，实现了语音交互。究其这种变化的原因，主要体现在以下几个方面。

（1）人工智能算法上的突破。

语音识别的原理是模式匹配法。在训练阶段，将用户依次述说的词汇表的特征矢量存入模板库。在识别阶段，机器将输入的语音与模板库中的每个模板中存入的语音进行比较，最终将相似度最高者作为识别结果。这种相似度，很难保证识别的就是原来的用户。随着深度学习技术的突破，通过语音识别声学模型训练，采用多层深度神经网络，就能让语音识别的错误率下降30%。

（2）大数据的灵活应用。

智能手机、平板电脑和可穿戴的移动智能终端的普及应用，极大地拓展了获取文本或语音方面的语料渠道，这就为语音模型和声学模型的训练提供了丰富的数据资源。

在语音识别中，大数据对于训练数据的匹配和丰富性，具有推动系统性能提升的作用，有效解决了语音的标注和分析所需要的大规模语料资源。

（3）高速移动数据网络通道被打通。

在2G和3G时代，受流量限制，严重制约了语音交互技术的无限制使用，也就让训练所需的海量数据累积较慢，从而限制了机器在语音辨识与语义理解方面能力的提升。而在本地模式下，因为缺乏大数据的支撑，导致语音辨识率很低，从而影响了用户体验，导致使用频率下降，形成负反馈。

到了5G时代，随着不断提高的手机网速、增加语音应用的频率和范围以及由此带来的语音资料库呈海量增长，使得语音辨识准确率和语音分析能力得到很大的提升。这方面的提升推动了语音交互发展性能的提升体验的发展，使得语音交互应用变得更加丰富，形成正反馈。

从总体上来说，人工算法上的突破让语音识别技术实现了功能上的智能化，建立在大数据基础上的声学模型让识别的成功率得到保障，5G高速网络既能快速上传样本，又能快速下载相应的识别结果，让用户的体验得到提升。由此，语音识别技术就走出了"听"的层面，朝着"懂"的层面发展，成为能与用户实现交互的助力帮手。

技术和理念上的突破,让人机之间的交互变得越来越频繁,人类对智能设备的依赖性也越来越强。随着智能设备研发的深入,人工操控智能设备也变得简单方便起来,从而语音成为主流交互手段的趋势也变得越发明显。

针对语音识别技术的发展,最能体会到其给生活带来方便的人士,首先应是老龄人、低龄儿童和残疾人士。例如,老年人视力下降、动作不灵活,低龄儿童一时还不具备手写能力,而盲人无法识别事物等,都可以通过语音交互给生活带来方便。

随着语音识别技术的发展,语音交互产业链基本形成。在语音交互技术领域,仅从中国来说,就涌现出了一大批优秀的企业。他们经过多年探索让语音技术不再成为国际巨头垄断的技术,拥有核心技术的成果不断面世,如清华大学、中科院等人工智能技术研究机构推出的智能机器人,科大讯飞、捷通华声等掌握的人机交互技术等。在互联网应用领域中,语音技术也呈现出百花齐放的局面,如在影视、音乐、餐饮、旅游和导航等方面,语音识别技术也得到了良好的运用。

2.3　语音合成

语音合成(Speech Synthesis)称文语转换(Text to Speech),它的功能是将文字实时转换为语音。人在发出声音前,经过一段大脑的高级神经活动,先有一个说话的意向,然后根据这个意向组织成若干语句,接着可通过发音输出。目前语音合成主要是以文本所表示的语句形式到语音的合成,实现这个功能的系统称为 TTS 系统。

语音合成研究的目的是制造一种会说话的机器,使一些以其他方式表示或存储的信息能转换为语音,让人们能通过听觉而方便地获得这些信息。语音合成系统是一个单向系统,由机器到人。

用语音合成来传递语言有以下特点:

①不用特别注意和专门训练,任何人都可以理解。

②可以直接使用电话网和电话机。

③无须消耗纸张等资源。

因此语音合成的应用领域十分广泛,例如:自动报时、报警、公共汽车或电车自动报站、电话查询服务业务、语音咨询应答系统。这些应用都已经发挥了很好的社会效益。还有一些应用,例如电子函件及各种电子出版物的语音阅读、识别合成型声码器等,前景也是十分光明的。

机器说话或者计算机说话,包含着两个方面的可能性:一是机器能再生一个预先存入的语音信号,就像普通的录音机一样,不同之处只是采用了数字存储技术。为了节省存储容量,在存入机器之前,总是要对语音信号先进行数据压缩。例如通过波形编码技术、声码技术等都可用来完成数据压缩的要求。这种语音合成不能解决机器说话的问题,因为它在本质上只是个声音还原过程,因此具有这一功能的系统又称为语声响应系统。

另一种是让机器像人类一样地说话,或者说计算机模仿人类说话。仿照人的言语过程模型,可以设想在机器中首先形成一个要讲的内容,它一般以表示信息的字符代码形式存在;然后按照复杂的语言规则,将信息的字符代码的形式,转换成由基本发音单元组成的序列,同时检查内容的上下文,决定声调、重音、必要的停顿等韵律特性,以及陈述、命令、疑问等语气,并给出相应的符号代码表示。这样组成的代码序列相当于一种"言语码"。从"言语码"出发,按照发音规则生成一组随时间变化的序列,去控制语音合成器发出声音,犹如人脑中形成的神经命令,以脉冲形式向发音器官发出指令,使舌、唇、声带、肺等部分的肌肉协调动作发出声音一样,这样一个完整的过程正是语音合成的全部含义。有的文献把语声响应系统称为语声合成,而把后一种语音合成称为语言合成。语音合成是语言合成的基础,有了清晰、自然的合成语音再加上一些语言学处理,就能让机器开口说话。在我们的书里把这两种合成统称为语音合成。

2.3.1 语音合成的步骤

文语转换有一个复杂的、由文字序列到音素序列的转换过程,包含文本处理、语言分析、音素处理、韵律处理和平滑处理等五个步骤。

2.3.1.1 文本处理和语言分析

语音合成首先是处理文字,也就是文本处理和语言分析。分为以下三个主要步骤:

(1)将输入的文本规范化。在这个过程中,要查找拼写错误,并将文本中出现的一些不规范或无法发音的字符过滤掉。

(2)分析文本中词或短语的边界,确定文字的读音,同时分析文本中出现的数字、姓氏、特殊字符、专有词语以及各种多音字的读音方式。

(3)根据文本的结构、组成和不同位置上出现的标点符号,确定发音时语气的变换以及发音的轻重方式。最终,文本分析模式将输入的文字转换成计算机能够处理的内部数据形式,便于后续处理并生成相应的信息。

2.3.1.2 音素处理

语音合成是一个分析—存储—合成的过程,一般是选择合适的基元,将基元用数据编码方式或波形编码方式进行存储,形成一个语音库。根据基元的选择方式以及其存储形式的不同,可以将合成方式笼统地分成波形合成方法和参数合成方法。常用的是波形合成方法。

波形合成方法是一种相对简单的语音合成技术。把人的发音波形直接存储或者进行简单波形编码后存储,组合成一个合成语音库;合成时,根据待合成的信息,在语音库中取出相应单元的波形数据,拼接或编辑到一起,经过解码还原成语音。这种语音合成器的主要任务是完成语音的存储和回放任务。

2.3.1.3 韵律处理

人类的自然发音具有韵律节奏,主要通过韵律短语和韵律词来体现。与语法词相似,语音合成中存在着韵律词,多个韵律词又组成韵律短语,多个韵律短语可以构成语调短语。韵律处理就是要进行韵律结构划分,判断韵律节奏,以及划分韵律特性,从而为合成语音规划出重音、语调等音段特征,使合成语音能正确表达语意,听起来更加自然。

语言分析、文本处理和音素处理的结果是得到了分词、注音和词性等基本信息,以及一定的语法结构。然而这些基本信息通常不能直接用来进行韵律处理,需要在前者的基础上引入韵律节奏的预测机制,从而实现文本处理和韵律处理的融合,并从更深层次上分析韵律特性。前律节奏主要通过重音组合和韵律短语等综合体现,可以利用规则或韵律模型对韵律短语便捷位置进行预测。

（1）基于规则的韵律短语预测。

利用韵律结构与语法结构的相似性研究韵律结构,使用人工的标注方法实现对汉语韵律短语的识别。从文本分析中获得外词信息并进行韵律组词,然后利用获得的句法信息,构建韵律结构预测树来预测文本的停顿位置分布和停顿等级,最后输出韵律结构。

利用规则的方法便于理解、实现简单,但是存在着缺陷。首先,规则的确定往往是由专家从少量的文本中总结归纳的,不能够代表整个文本;其次,由于人的个人意识和偏好,难免会受到经验及能力的限制,且规则的复用度低,可移植性差。因此,目前有关于韵律短语预测主要集中在基于机器学习的预测模型上。

（2）基于机器学习的韵律短语预测。

利用统计韵律模型计算概率出现的频度实现对韵律词边界的预测和韵律短语边界的识别。韵律模型可以从韵律的声学参数上直接建模,如基频模型、音长模型、停顿模型等。

通常情况下可以利用文本分析得到分词、注音和词性等结果,建立语法结构到韵律节奏的模型,包括韵律短语预测和重音预测等,然后进一步通过重音和韵律短语信息和韵律短语信息结合成统一的语境信息,最终实现韵律声学参数的预测和进行选音的步骤。

2.3.1.4 平滑处理

一般相邻的语音基元之间会存在一定数量和程度的重叠部分,这样就会进行过渡性的平滑,使得不会产生边界处的咔嗒声,而对于不相邻的两段语音基元之间,要想将它们拼接起来,可以在要拼接的两个基元之间人为地插入经过韵律参数调整过的语音过渡段,这样就可以保证前后音节拼接点处的基频或是幅度不会出现大的突变,使得它们之间可以平滑连接起来。音节与音节之间可以分为两部分:一是来自同一音频文件的单元;二是来自不同音频文件的单元。第一种情况下拼接单元谱能量基本不变,所以只需重点处理第二种情况即可。

2.3.2 语音合成方法

人工产生语音的技术称为语音合成,目的是让机器说话,是人机语音通信的重要组成部分。现代语音合成技术已经能够实现任意文本的语音合成,在实际生活中得到了广泛应用,如自动报时、自动报警、汽车报站、电话查询、语音咨询等。语音合成研究已经有多年的历史,各种方法都比较成熟,满足商品化的要求。

语音合成的研究已有多年的历史,语音合成方法一般分为参数合成法、规则合成法和波形合成法。

2.3.2.1 参数合成法

语音合成经过多年的发展,取得了引人注目的进展,参数合成法在早期应用得比较广。参数合成法先对语音信号进行分析,提取其特征参数,然后用这些参数合成语音,因此也称为分析合成法。参数合成法分为发音器官参数合成和声道模型参数合成。发音器官参数合成是对人的发音过程直接模拟,如唇开口度、舌高度、舌位置、声带张力等,由发音参数估计声道截面积,从而计算声波。

参数合成方法实际上就是语音参数分析的逆过程,它把分析得到的每一帧语音参数,包括浊音/清音判别、声源参数、能量、声道参数按时间顺序连续地输入参数合成网络中,参数合成器即可输出合成出的语音。这里只介绍两种主要形式的参数合成方法,一种是共振峰合成;另一种是 LPC 合成,它们都是较为流行的语音合成技术。其中 LPC 合成方法具有简单的优点,而共振峰合成方法虽然比 LPC 合成方法复杂,但它可以产生较高质量的合成语音。

参数合成方法的优点是语音库一般较小,传输比特率较低,音质适中;缺点是参数多,技术复杂,压缩比高时音质较差。

2.3.2.2 规则合成法

规则合成法通过语音学规则产生语音,系统中存储的是最小语音单位的声学参数,以及由音素组成音节、由音节组成词、由词组成语句,音调、轻重音控制等韵律的各种规则。给出待合成的字母或文字后,系统根据规则自动地将它们转换为连续语音声波。在这种算法的波形拼接和韵律控制中,一般采用基音同步叠加技术,既能保持语音的主要音段特征,又能在拼接时调整基频、时长、强度等超音段特征,因而可以得到很高的音质。

2.3.2.3 波形合成法

波形合成法一般有两种形式,即波形编码合成和波形编辑合成。

波形编码合成就是对语音的编码、存储解压和播放过程。这种方法的词汇量不能太大,只能应用在汽车自动报站等小词汇量系统中。其中最简单的就是直接进行 A/D 转换和 D/A 反转换,或称为 PCM 波形合成法。显然,用这种方法合成出语音,词汇量不可能很大,因为所需的存储容量太大了,虽然,可以使用波形编码技术(如 ADPCM、APC 等)压缩一些存储量,为此在合成时要进行译码处理。

波形编辑合成将波形编辑技术用于语音合成,选取语音库中自然语音的合成单元的波形进行编辑拼接后输出。该方法选择比较大的语音单元为合成单元,如词、词组、短语,这样合成的语音质量较高。它采用语音编码技术,存储适当的语音基元,合成时,经解码、波形编辑拼接、平滑处理等输出所需的短语、语句或段落。和规则合成方法不同,这类方法在合成语音段时所用的基元是不做大的修改的,最多只是对相对强度和时长作一点简单的调整。因此这类方法必须选择比较大的语音单位作为合成基元,例如选择词、词组、短语,甚至语句作为合成基元,这样在合成语音段时基元之间的相互影响很小,容易达到很高的合成语音质量。波形语音合成法是一种相对简单的语音合成技术,通常只能合成有限词汇的语音段。

2.4 语音增强

随着便携式通信设备的普及,随时随地的语音交流已成为可能,人们在享受语音交流便利的同时,也受困于各种各样的环境噪声带来的干扰与不适。语音增强的目的就是尽可能地去除混杂于语音中的各类噪声干扰,提高语音的清晰度和可懂度,提升语音质量和人耳的听觉感受。

人们对语音增强领域的研究已有数十年之久,研究成果也有很多。由于人耳对语音的幅度更为敏感,因此绝大多数语音增强算法处理的对象是幅度谱,需要解决的基本问题是从含噪声的幅度谱中估计干净的语音幅度谱。

短时谱估计法是目前研究和应用最广泛的语音增强方法,其基本思路是在一定的误差准则下,从含噪语音中得到干净语音谱的最优估计。这种方法的关键之处是准确估计噪声谱。得到噪声谱后。利用谱减法、维纳滤波法及改进方法就可以计算得到干净的语音谱。该方法主要涉及两个问题:一是采用什么样的误差准则来指导谱估计,目前常用的包括 MMSE、MAP,以及考虑人耳听觉特性的感知加权误差准则等;二是在恢复干净谱时要对语音短时谱先验分布做出合理的假设。

除了短时谱估计之外,利用信号子空间分解方法,将含噪语音信号的矢量空间分解为信号加噪声子空间和噪声子空间,然后在噪声子空间中估计噪声并在此基础上估计出原始语音信号。常用的信号子空间分解方法主要有两种:特征值分解(Eigenvalue Decomposition, EVD)方法和奇异值分解(Singular Value Decomposition, SVD)方法。根据语音信号产生模型,同样可以实现语音增强。此时,语音增强问题转化为通过含噪语音信号求解 LP 模型参数(LP 系数和噪声激励参数)的问题。在 LP 模型参数估值已知的情况下,干净语音信号的最优估计可以通过 Kalman 滤波得到。在非平稳条件下,Kalman 滤波法能够保证得到最小均方误差意义下的最优估计,并能有效消除有色噪声。

智能语音增强方法利用机器学习技术对大量语音和噪声数据进行学习,并结合传统语音增强中行之有效的信号处理方法,可以实现更好的增强效果,近年来受到了极大的关注。

2.4.1 语音增强的估计参数

针对语音和噪声的差异,研究人员提出了许多行之有效的参数估计方法。同时,语音质量评估对语音增强效果有着重要的指导意义,只有对语音质量进行全面的评估,才能得到高质量的语音增强效果。

根据应用目标的不同,语音增强可以分为针对人耳听觉应用的增强和针对机器应用的增强。这两种语音增强的侧重点有所不同,人耳听觉应用更关注提高含噪语音的听觉质量和可懂度,而机器应用更关注提高含噪语音的特征准确率。由于人耳对相位信息不太敏感,因此在语音增强中通常只关注幅度谱,重构语音时直接使用含噪语音的相位信息。根据应用目标的不同,幅度谱参数估计的目标可以分为三类,即语音幅度谱、时频掩蔽以及隐式时频掩蔽。

2.4.1.1 语音幅度谱

常见的语音幅度谱表示主要有:短时傅里叶变换幅度谱(Short-Time Fourier Transform Spectral Magnitude,FFT-Magnitude) 和 Gammatone 域 幅 度 谱(Gammatone Frequency Power Spectrum,GF-POW)。

2.4.1.2 时频掩蔽

时频掩蔽又称为时频掩模,可以认为是幅度谱的一个窗函数。利用时频掩蔽,与含噪语音的幅度谱进行运算可以得到增强语音的幅度谱,通过逆变换即可合成时域的增强语音信号。常见的时频掩蔽有:理想二值掩蔽(Ideal Binary Mask,IBM)、目标二值掩蔽(Target Binary Mask,TBM)、理想浮值掩蔽(Ideal Ratio Mask,IRM)、短时傅里叶变换掩蔽以及复数域的理想浮值掩蔽(Complex Ideal Ratio Mask,CIRM)等。

(1)理想二值掩蔽。

IBM 是一个由 0 和 1 构成的二值矩阵,IBM 定义如式(2-1)所示。

$$IBM(t,f) = \begin{cases} 1, & SNR(t,f) > LC \\ 0, & 其他 \end{cases} \quad (2-1)$$

式中,$SNR(t,f)$ 表示时间单元(帧为 t,频率为 f)的局部信噪比,LC 表示局部阈值(Local Criterion,LC),它的设定影响语音的可懂度。

(2)理想浮值掩蔽。

相比 IBM,IRM 由语音中相对含噪语音所占的比值确定,计算的是某一时频单元处语音所占的成分,取值范围在 [0,1] 之间,而不是简单地判定为语音或噪声,更符合含噪语音的实际情况。IRM 可同时提高语音感知质量和可懂度。IRM 可分为傅里叶变换域的理想浮值掩蔽

（FFT Ideal Ratio Mask，IRM_FFT）和 Gammatone 域的理想浮值掩蔽（Gammatone Ideal Ratio Mask，IRM_Gamm）。

IRM_FFT 的定义如式（2-2）所示。

$$\text{IRM}_{\text{FFT}}(t,f) = \frac{\left|Y_s(t,f)\right|^2}{\left|Y_s(t,f)\right|^2 + \left|Y_n(t,f)\right|^2} \tag{2-2}$$

式中，$\left|Y_s(t,f)\right|$ 和 $\left|Y_n(t,f)\right|$ 和是含噪语音中纯净语音和噪声的短时傅里叶变换系数。

2.4.1.3 隐式时频掩蔽

从含噪语音中估计理想时频掩蔽虽然可以增强纯净语音，但理想时频掩蔽只是一个中间目标，并没有直接优化最终的实际目标，最后还是需要得到语音幅度谱才能恢复出纯净的语音信号。隐式时频掩蔽的估计目标 $\hat{S}(t,f)$ 为

$$\hat{S}(t,f) = \tilde{M}(t,f) \otimes \tilde{Y}(t,f) \tag{2-3}$$

式中，$\tilde{Y}(t,f)$ 表示含噪语音幅度谱，$\tilde{M}(t,f)$ 是时频掩蔽函数。

除了以上介绍的语音幅度谱之外，也有一些方法对纯净相位谱进行估计。近来也有研究开始尝试直接估计纯净波形，实现端到端的增强。

2.4.2 语音增强方法

根据输入信号的通道数目，语音增强分为单通道语音增强、双通道语音增强和多通道语音增强。一般来说，双通道语音增强和多通道语音增强可取得较好的增强效果。但是，大多数情况下往往只有一个输入信道，因此对单通道语音增强的研究具有重要意义。目前，单通道语音增强方法主要有以下三类：

（1）基于短时谱估计的语音增强算法。

这类算法主要有谱减法、维纳滤波法、最小均方误差法。该类算法具有计算量小、易于实时处理的特点，因此得到广泛应用。

（2）基于语音生成模型的语音增强算法。

语音的产生过程可以用参数随时间变化的线性滤波器来建模，该线

性滤波器采用时变参数全极点维纳滤波器。基于语音生成模型的增强算法运算量较大,同时噪声会给语音模型参数的估计带来困难,所以这种算法的性能有待进一步提高。

（3）基于小波变换的语音增强算法。

小波变换是时频分析的有力工具,目前的小波去噪方法主要有小波阈值去噪法和模极大值法。

2.5 语音转换

2.5.1 语音转换的原理和应用

语音转换就是将 A 话者的语音转换为具有 B 话者发音特征的语音,而保持语音内容不变。图 2-7 给出了语音转换示意图。

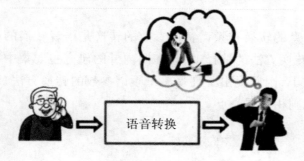

图 2-7 语音转换概念示意图

一个完整的语音转换系统包括提取说话人个性信息的声学特征,建立两话者间声学特征的映射规则,以及将转化后的语音特征合成语音信号 3 个部分。这里需要指出的是,语音变换(Voice Morphing)和语音转换(Voice Conversion)是两个非常相似、相互促进的研究领域。语音变换不要求修改语音使其具有某个特定说话人的个性特征,而是对语音信号的某一个参量按照某个固定的因子进行修改,如语音时长、频率或基音周期等。它有自身的应用目的,例如,在时间尺度上的修改,放慢说话人的发音速率,可以让质量较差的语音也能让人听懂,增强语音的可懂性；而提高发音速率，可以让人快速地检索语音，查找所需要的语音，节省时间，也可以节省存储器的存储空间。在频域上，通过压缩语音频带，将语音在带宽有限的信道上传输；或者根据人耳的听觉特性，将语音频谱搬到一个特定的频段上，这样可以帮助那些存在听力障碍的人方便交流。另外，语音变换也常应用到心理声学的研究中，例如，修改语音的基音频率，而保持语音短时谱包络不变，测试听音者的心理感觉特性。

说话人语音转换是首先提取说话人身份相关的声学特征参数，然后再用改变后的声学特征参数合成出新的接近目标语音的语音。在过去近30年间，说话人语音转换逐渐引起人们的重视，国内外的语音工作者在这方面做了大量的工作。总体来说，国外的研究比较深入，起步比较早，取得的成果也比较多。目前，国内外对于说话人语音转换技术的研究已经取得了较为广泛的成果，对于说话人语音转换的算法研究主要集中在频谱特征参数的转换上。

2.5.2 常用语音转换的方法

韵律信息的转换和频谱特征参数的转换是语音转换的最基本的内容，在语音转换方法的选择上，现在国内外的研究主要集中在频谱参数的转换方法上，因此提出了许多关于频谱参数的转换方法，而韵律信息的转换研究则相对弱一点。

2.5.2.1 频谱特征参数转换

（1）矢量量化法。

Abe在20世纪80年代最早用矢量量化的方法进行了不同说话人之间的语音转换的研究，取得了较为理想的效果。该方法主要分为训练阶段和转换阶段两个过程。训练阶段的过程如图2-8所示。

具体过程如下：

①对源语音和目标语音的频谱特征参数空间进行量化，得到具有相同码字数目M的码本分别为V、U。

②由源说话人和目标说话人分别产生学习集，然后对所有的单词逐帧进行矢量量化。

③运用DTW（动态时间调整）对两说话人的相同的单词进行对齐。

④两说话人之间的矢量量化对应关系累积成柱状图,将柱状图作为加权系数,映射码本即为目标语音矢量的线性合成时的加权系数。

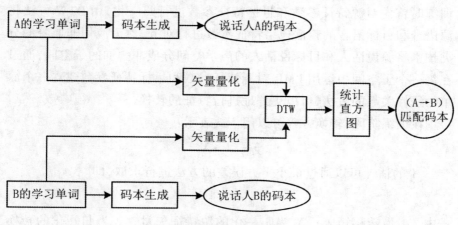

图 2-8　匹配码本的生成方法

转换阶段的过程如图 2-9 所示。

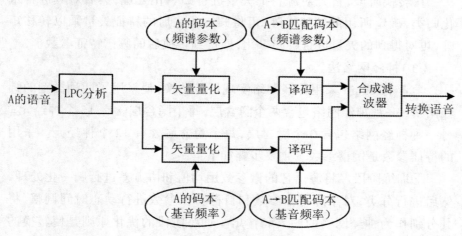

图 2-9　说话人 A 到说话人 B 的转换框图

在转换阶段,先将语音特征矢量进行矢量量化,假设量化成第 1 个码字,则转换后的特征向量为

$$y_n = \sum_{k=1}^{M} h_{lk} u_k$$

式中,h_{lk} 是映射码本 H 中的元素,满足 $\sum_{k=1}^{K} h_k = 1$;u_k 是目标码本 U 的第 k 个码字。

（2）线性多变量回归法。

20 世纪 90 年代初，Valbret 提出了 LMR（线性多变量回归）的方法，训练时首先对源特征参数和目标特征参数进行归一化，用 DTW 方法将源语音和目标语音的频谱包络特征参数进行对齐，然后应用非监督的分类技术将源说话人和目标说话人的声学空间分成非叠加的子空间，通过在每一个子空间中运用 LMR 对源特征参数和目标特征参数建立一个简单的线性关系的方法，可以更好地进行特征的转换。

在训练阶段，转换方程可以用下式表示：

$$\hat{\boldsymbol{y}}_i = \boldsymbol{A}_i * \boldsymbol{X}_i$$

$\boldsymbol{A}_i$ 的估计可以通过最小平方误差的方法进行求取，即

$$\|\hat{\boldsymbol{y}}_i - \boldsymbol{y}_i\|^2$$

式中，$\boldsymbol{A}_i$ 为转移矩阵；$\boldsymbol{X}_i$ 为归一化的源特征矢量；$\hat{\boldsymbol{y}}_i$ 为归一化的转换后的特征矢量；$\boldsymbol{y}_i$ 为归一化的目标特征矢量；i 为第 i 个子空间。

在转换阶段，首先对源特征矢量进行归一化处理，然后对其进行量化归类，确定所用的转移矩阵，再将归一化之后的特征矢量乘以转移矩阵，再对得到的矢量进行解归一化，即得到转换后的频谱特征参数。

（3）神经网络法。

学者 Baukoin 采用神经网络实现语音转换，他采用了两种类型的神经网络：一种神经网络包含两个隐含层，每个隐含层含有 15 个神经元；另一种神经网络包含 3 个隐含层，每个隐含层含有 12 个神经元。采用的特征参数是倒谱参数。主要步骤如下：

①训练阶段。将源语音的谱参数用均值和协方差进行归一化处理，然后进行分类，对于源特征参数和目标特征参数进行动态时间调整，将其分别作为神经网络的输入和输出。训练阶段的优化原则是使转换的倒谱矢量和目标矢量的平均距离最小。

②转换阶段。先对源特征矢量进行归一化处理，将归一化后的特征矢量进行归类，再用对应类的神经网络进行转换，再用均值和协方差进行解归一化处理。

2.5.2.2 基音周期转换

基音周期是很重要的说话人特征参数,在语音转换中需要对其进行有效的建模和转换,以便使转换后的语音的基音周期尽可能接近目标说话人语音的基音周期。对基音周期进行转换的过程中,基音周期需要保持短时包络特征以及源语音的时长信息不被改变。下面介绍几种常用的基音周期的建模和转换方法。

(1)平均基音周期转换法。

对基音周期进行转换时,常用的方法是分别提取源说话人和目标说话人的平均基音周期,分别记为 $\bar{p}_{\mathrm{t}}$ 和 $\bar{p}_{\mathrm{t}}$,则平均基音周期转换率 α 等于目标说话人的平均基音周期除以源说话人的平均基音周期,即

$$\alpha = \frac{\bar{p}_{\mathrm{t}}}{\bar{p}_{\mathrm{s}}}$$

在转换阶段即用源语音的基音周期 p_{s} 乘以 α 可得转换语音的基音周期 p_{c}。

(2)高斯模型转换法。

在这种方法中,假定源说话人的基音周期和目标说话人的基音周期都服从高斯分布。首先获得源说话人和目标说话人基音周期的均值和方差,分别记为 $(\mu_{\mathrm{s}}, \sigma_{\mathrm{s}})$,$(\mu_{\mathrm{T}}, \sigma_{\mathrm{T}})$。假定转换后语音的基音周期的均值和方差与目标语音相同,并且转换后语音的基音周期和源说话人的基音周期服从相同的高斯分布。可得:

$$p_{\mathrm{c}} = A p_{\mathrm{s}} + B$$
$$A = \frac{\sigma_{\mathrm{t}}}{\sigma_{\mathrm{s}}}, B = \mu_{\mathrm{t}} - A\mu_{\mathrm{s}}$$

随着语音技术的发展,语音转换技术会越来越广泛地应用于社会生活的各个领域。让转换后的语音具有目标说话人的语音特点是语音转换的目的,但是目前的转换后的语音质量与目标语音还有着较大的差距,要想在语音转换研究领域获得进一步的突破,还需要进一步的研究和探索。

第3章

自然语言处理

随着信息技术的发展，以及智能设备在实际生活中的广泛应用，自然语言处理技术迅速升级为人工智能必不可少的研究热点之一。自然语言处理技术实现了人与机器之间的自然语言交流，为人们的生活带来了诸多便利。

3.1 概述

3.1.1 语言的问题和可能性

语言是思维的载体,是交际的主要媒介,包括口语、书面语和形体语(如哑语)等。

口语是人类之间最常见、最古老的语言交流形式,使我们能够进行同步对话——可以与一个或多个人进行交互式交流,让我们变得更具表现力,更重要的是,也可以让我们彼此倾听。虽然语言有其精确性,却很少有人会非常精确地使用语言。两方或多方说的不是同一种语言,对语言有不同的解释,词语没有被正确理解,声音可能会模糊或听不清,又或者受到地方方言的影响,此时口语就会导致误解。

文本语言可以提供记录(无论是书、文档、电子邮件还是其他形式),这是明显的优势,但是文本语言缺乏口语所能提供的自发性、流动性和交互性。

语言既是精确也是模糊的。在法律或科学事务中,语言可以得到精确使用;又或者它可以有意地以"艺术"的方式(如诗歌或小说)使用。

例 3-1 "音乐会结束后,我要在酒吧见到你。"

尽管很多缺失的细节使得这个约会可能不会成功,但是这句话的意图是明确的。如果音乐厅里有多个酒吧怎么办? 音乐会可能在酒吧里,我们在音乐会后相见吗? 相见的确切时间是什么? 你愿意等待多久? 语句"音乐会结束后"表明了意图,但是不明确。经过一段时间后,双方将会做什么呢? 他们还没有遇到对方吗?

例 3-2 "在第三盏灯那里右转。"

这句话的意图是明确的,但是省略了很多细节。灯有多远? 它们可能会相隔几个街区或者相距几公里。当方向给出后,提供更精确的信息(如距离、地标等)将有助于驾驶指导。

可见,语言中有许多可能的含糊之处。因此,可以想象语言理解可能会给机器带来的问题。

3.1.2 什么是自然语言处理

语言是人类交流的主要工具,在人们的日常生活中有着重要的意义。随着信息技术的发展以及智能设备在生产和生活中的广泛使用,有两个问题逐渐变得紧迫且重要:第一个是人与机器间如何能够实现类似人与人之间自然顺畅高效地交流,而不是通过计算机指令输入/输出的方式,从而可以拓展机器的功能以提高设备的易用性;第二个是如何让计算机辅助人类进行一些大规模或即时的语言和文字处理任务,从而提升人类的生活便利或生产效率。自然语言处理(Natural Language Processing, NLP)的目标就是要解决以上两个问题,它是计算机科学与人工智能领域的一个重要的研究与应用方向,是一门融语言学、计算机科学、数学于一体的科学。自然语言处理不是一个独立的技术,它受到大数据、云计算、机器学习等多方面理论的支撑。自然语言处理的基本框架可用图3-1表示。自然语言处理机制能有效地实现自然语言通信的计算机系统,特别是其中的软件系统。

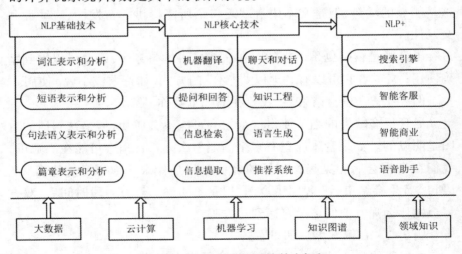

图3-1 自然语言处理的基本框架

总体而言,自然语言处理面临的任务主要包括三个方面:语言感知、语言理解和语言生成,语言感知相当于计算机的"听"和"读"能力,是人机交互中主要的信息输入部分;语言理解则是自然语言处理研究的主要任务和核心挑战,其主要研究如何让计算机对于输入的语言进行深入的分析并能够结合上下文语境信息准确理解语言的含义,从而提取出有用的信息,相当于人类的语言"思考"和"理解"能力;语言生成则是研究如何让计算机把提取的信息以流畅通顺的语言形式表达出来,这种表达可以是文字或语音。

3.1.3 自然语言处理的发展

对自然语言处理(也称为自然语言理解)技术的探索,可以追溯到20世纪40年代。自然语言处理的发展历程可分为5个时期,如图3-2所示。该技术是计算机出现后才有的一种新技术,自然语言是人类智慧的结晶,但自然语言处理却是人工智能中最大的难题。这些难题主要体现在单词的边界界定、词义的消歧、句法的模糊性、有瑕疵的或不规范的输入和语言行为与计划差别等方面。

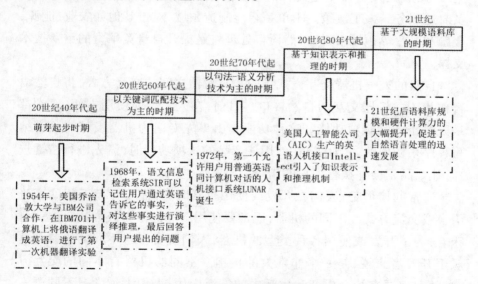

图3-2 自然语言处理的发展历程

要实现自然语言在机器上的理解和生成是非常困难的,原因在于自然语言本身存在着各种各样的歧义性或多义性。以汉文为例,汉文文本是由字、标点符号等组成的一个书面表达整体。字可以组成词,再由词组成词组,进而组成句子、段、章、篇。在这些组成中,看似一样的一段字符串在不同的场景或语境下,可以有不同的理解,生成不同的意义。一般情况下,可以设置不同的场景和语境的规定来解决语言歧义。但是,消除歧义需要大量的知识并通过推理才能完成。怎样将这些知识加以收集和整理,并以合适的形式将它们存入计算机系统中,有效地利用它们来消除歧义是一件繁巨而困难的工作。

有业内人士指出,今后自然语言处理可朝着两个互补式的方向发展——大规模语言数据的分析处理能力和自然的人—机器交互方式。

大规模语言数据的分析处理能力,指的是建立在自然语言处理上对语言信息进行获取、分析、推理和整合的能力。这类应用可涉及制造、农业、能源、金融和服务等各个行业。以智能制造为例,这类产业在产品制造过程中,在工艺、设计、加工和销售等各个环节,会产生大量数据,其中很大一部分都是以自然语言的方式存在的。要想实现生产组织全过程的正确决策,关键要自动分析并理解这些语言数据。用机器来从事这些事务,就比人工操作更具有信息全面、响应快速的特点,从而能迅速、及时地服务于人工决策。不单是智能制造领域,对于其他如农业、能源、金融和医疗等领域来说,自然语言处理将是提升自身竞争力的重要技术支撑。

自然的人—机器交互方式指的是与机器之间的交互方式,将自然语言作为人—机器交互的自然接口。目前,在人工智能使用方面,通常都是先赋予产品某项功能。这种功能是由事先专门为机器设计的语言编写程序来实现的。当用户在使用该产品的这项功能时,需先进行按键选择,让产品领会并执行用户的指令。

通常的情形是,人们在开发或使用机器时,都需要一套专门的交流语言或交流方式。不同的机器,通常要使用不同的语言或方式。这就意味着,为了开发或使用各种类型的机器,人们就要学习不同的语言。这对于开发者来说,是一个非常大的负担。不同的机器有不同的交互方式,随着机器在社会生产和生活中的广泛应用,人们大量学习不同语言的行为就成了不可能。这严重影响了人们对机器的开发与使用。如果使用统一的交互方式,使用人类的自然语言,就成为一种极佳的选择。自然语言是人类生活中最为自然且方便的交流方式,不仅不容易出错,还能体现出每个人的个性。只有通过采用自然语言处理,才能让机器具有理解人类语言的能力,从而实现建立在自然语言基础上的人机交互。

自20世纪90年代开始,自然语言处理领域就发生了两个明显的变化。其一,要求自然处理系统能够处理大规模的真实文本,一改过去只能处理很少的词条和句子的系统;其二,并不要求系统对自然语言文本进行深层的理解,只要求系统能从中抽取如提取索引词等有用的信息。同时,重视和加强大规模真实语料库的研制和大规模、信息丰富的词典的编制工作。

自然语言处理是计算机科学、人工智能、语言学之间的相互作用的领域。目前,它还面临着很多挑战。但可以相信,随着人工神经技术的进步发展,将来的机器会变得越来越聪明,能引导人工智能应用深入社会生活的方方面面。

3.1.4 自然语言处理研究的主要内容

自然语言处理任务涵盖的范围比较大,同时应用广泛,这里按照语言理解过程中涉及的语言对象的复杂性从低到高把自然语言处理所研究的主要内容按照如下几方面进行简介。

3.1.4.1 语音和文字识别

文本是自然语言处理最主要的对象,文本在计算机中是以字符编码的方式保存的,这也是计算机最擅长处理的方式。因此为了方便处理,通常需要使用语音识别或文字识别把语音或者图片文字转化为文本,然后再做进一步的分析和理解。语音识别的目的是把传声器获取的语音信号转换成说话内容对应的文本数据,这相当于让计算机"听"一个人说话,并把所听的内容在计算机里用文本记录下来。文字识别是指从包含文字的图片中识别出文字内容并转换成对应的文本,这相当于计算机"阅读"并在其中用文本记录下所看到的内容。这个过程通常是在字符和词语层次上的处理。

3.1.4.2 文本解析

一句话中通常包括不同词性的词语、不同功能和属性的短语和分句。文本解析包括词法和句法解析,其主要任务就是对于给定的文本,进行正确地断句、词语划分和词性标注、固定短语识别以及分句关系判断等,即从词语、短语、句子到段落再到全文不同尺度上对文本进行正确拆解和属性判断,以便于后续的分析和理解。这个过程是在词语和句子的层次中对文本进行处理。

3.1.4.3 文本分析与挖掘

这个过程是从全文内容层次上对文本进行分类聚类、话题识别、情感分析、摘要压缩以及可视化表示等。文本分析与挖掘往往不再局限于单个词语或句子,而是在文本整体内容上更深层次的处理。目前主流的技术是先把文本转化成特征向量,然后利用机器学习算法进行处理和分析。

3.1.4.4 知识提取与检索

对文本的理解最终体现在知识的提取上,这要求能够从文本中对所表述的内容进行归纳总结和抽象提取并最终形成知识的形式,从而供后续的查阅和检索。知识提取就是把文本内容从更加抽象的知识层面去描述;信息检索则是对应给定的任务,能够从已有的知识库中搜索到与之对应的部分。这个过程是从文本所传达的知识的层次上进行处理。

3.1.4.5 机器翻译

类似于人工翻译,机器翻译是把史本或者语音从一种语言(通常称为源语言,如中文)转化为另一种语言(通常称为目标语言,如英文)表述出来,同时尽量准确、完整地传递源语言所包含的信息。这个过程牵涉到对源语言所包含信息的准确提取、语言间恰当的转化方式以及目标语言正确流畅地生成出来。

3.1.4.6 问答/对话系统

自然语言处理的最终目标是设计出能够完成类似于人与人之间的自然交流或对话系统,从而实现人机间的高效流畅交互,这个过程是一个综合的语言处理过程,包含了语言感知、语言理解和语言生成整个过程,同时还要求能够根据对话情景正确理解语言的意思。

3.2 自然语言的理解与生成

3.2.1 自然语言理解的基本原理

这里的自然语言主要指的是汉语。汉字中的自然语言理解的研究对象是：汉字串，即汉字文本。其研究的目标是：最终被计算机所理解的具有语法结构与语义内涵的知识模型。

面对一个汉字串，使用自然语言理解的方法最终可以得到计算机中的多个知识模型，这主要是汉语言的歧义性所造成的。在对汉字串理解的过程中，与上下文有关，与不同的场景或不同的语境有关。另外，在理解自然语言时还需运用大量的有关知识，以及基于知识上的推理。有的知识是人们已经知道的，而有的知识则需要通过专门学习而获取。这些都属于人工智能技术。因此在自然语言理解过程中必须使用人工智能技术才能消除歧义性，使最终获得的理解结果与自然语言的原意是一致的。在具体使用中需要用到的人工智能技术是知识与知识表示、知识库、知识获取等内容。重点使用的是知识推理、机器学习及深度学习等方法。

综上，在汉字中自然语言理解的研究对象是汉字串，研究的结果是计算机中具有语法结构与语义内涵的知识模型，研究所采用的技术是人工智能技术。

从其研究的对象汉字串，即汉字文本开始。在自然语言理解中的基本理解单位是：词，由词或词组所组成的句子，以及由句子所组成的段、节、章、篇等。关键的是：词与句。对词与句的理解中分为语法结构与语义内涵等两种，按序可分为词法分析、句法分析及语义分析三部分内容。

3.2.2 自然语言生成

计算机中的思维意图用人工智能中的知识模型表示后，再转换生成自然语言被人类所理解,称为自然语言生成。在自然语言生成中也大量用到人工智能技术。

3.2.2.1 内容规划

内容规划是生成的首要工作,其主要任务是将计算机中的思维意图用人工智能中的知识模型表示,包括内容确定和结构构造两部分。

(1)内容确定。内容确定的功能是决定生成的文本应该表示什么样的问题,即计算机中的思维意图的表示。

(2)结构构造。结构构造则是完成对已确定内容的结构描述,即建立知识模型。具体来说,就是用一定的结构将所要表达的内容按块组织,并决定这些内容块是怎样按照修辞方法互相联系起来,以便更加符合阅读和理解的习惯。

3.2.2.2 句子规划

在内容规划基础上进行句子规划。句子规划的任务就是进一步明确定义规划文本的细节,具体包括选词、优化聚合、指代表达式生成等。

(1)选词。在规划文本的细节中,必须根据上下文环境、交互目标和实际因素用词或短语来表示。选择特定的词、短语及语法结构以表示规划文本的信息。这意味着对规划文本进行消息映射。有时只用一种选词方法来表示信息或信息片段,在多数系统中允许多种选词方法。

(2)优化聚合。在选词后,对词按一定规则进行聚合,从而组成句子初步形态。优化后使句子更为符合相关要求。

(3)指代表达式生成。指代表达式生成决定什么样的表达式。句子或词汇应该被用来指代特定的实体。

3.2.3 自然语言处理的具体实施

深度学习(DI)对自然语言处理(NLP)产生了巨大影响。在图像和音频之后,这可能是深度学习释放出最具变革力的领域。例如,斯坦福大学几乎所有的项目都与 NLP 相关,包括深度学习方向的研究,这是该领域最受尊敬的研究机构。语言理解是人工智能中最古老的,也可能是最困难的问题之一。因为它具有很高的维度(任何语言都可以轻松地包含数十万个单词),数据是非常倾斜的(Zip 定律的分布),数据遵循语法规则,结构微妙(一个词,如否定词,甚至标点符号都可以改变意义),词汇的意义在文化的许多隐含假设层中交织在一起。文本也没有像图像那样明显的时空结构(聚集在一起的词汇可能与图像中的像素形成图像的概念无关)。

3.2.3.1 解析

解析包括将句子分解为各组成部分(名词、动词、副词等)和构建它们之间的句法关系,即解析树。这是一个复杂的问题,因为在可能的分解中的歧义(见图 3-3)描述了解析一个句子的两种可能方法。

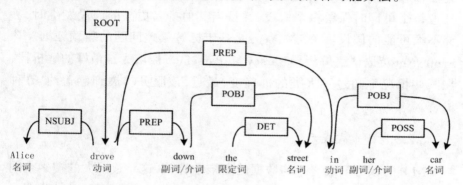

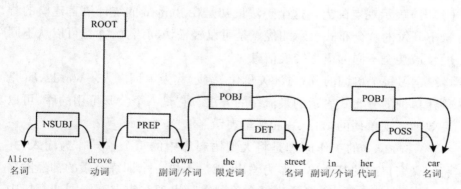

图 3-3 同一句子的两种可能句法解析

例如,"Alice drove down the street in her car"至少有两个可能的关系解析,第一个对应于爱丽丝驾驶她的汽车的(正确)解释;第二个对应于街道位于她的汽车中的(荒谬但可能的)解释,出现歧义是因为介词的位置可以改变驾驶或街道的理解公式。人类消除歧义做出的选择方式是通过常识判断的,我们知道街道不能位于汽车里。对于应付这个世界的机器,信息非常具有挑战性。

Google 最近推出了 SyntaxNet 来解决这类困难解析问题,20~30 个单词的句子可以有数千个句法结构。Google 使用全球规范化的基于过渡的神经网络模型,该模型依赖解析和句子压缩实现了最先进的词性标注。该模型是一个简单的前馈神经网络,在特定任务的过渡系统上运行,与复现模型相比,可表现出更好的精度。

使用 SyntaxNet,句子由前馈神经网络处理,并输出称为假设的可能句法依赖关系的分布,使用启发式搜索算法(集束搜索)。SyntaxNet 在处理每个单词时保留多个假设,并且当其他排名更高的假设发生时,丢弃不太可能的假设。关键洞察力是基于标签偏差问题的新颖证据。该 SyntaxNet 英语语言解析器 Parsey McParseface 被认为是最好的解析器,在某些情况下超过了人类的准确度,最近,该服务扩展到涵盖约 40 种语言。

3.2.3.2 分布式表示

NLP 的核心问题之一与数据的高维性有关,这导致巨大的搜索空间和语法规则的推断。Hintont Himel 是第一个提出单词可以通过分布式(密集)表示观点的人。这个想法最初是在 Bengio 的统计语言建模的背景下开发的。分布式表示的优点是可以轻松访问语义,并且可以从不同的领域甚至不同的语言转换信息。

学习每个单词的分布式(矢量化)表示称为单词嵌入。Word2vec 是创建单词的分布式表示的最流行的方法。它是一个公开可用的库,可以高效地实现单词的 skip gram 矢量表示。

Word2vec 的工作原理是将大型语料库中的每个单词作为输入,并将定义窗口内的其他单词作为输出,然后提供一个训练有素的神经网络分类器,训练之后,它将预测每个单词实际出现在焦点词周围的窗口中的概率。

除了实现之外,作者还提供了通过在 Google 新闻数据集(大约 1000 亿字)上训练此模型而学习的单词和短语的矢量表示。矢量最多可包含 1000 维,300 万个单词和短语。这些向量表示的一个有趣特征是它们捕获语言中的线性规则。例如,矢量化词方程"马德里"-"西班牙"+"法国"的结果是"巴黎"。

在使用 TFIDF 的词袋(BOW)之后,Word2vec 可能是 NLP 问题最常用的方法。它的实现相对容易,有助于理解隐藏的单词关系。有一个很好的,有文档记录的 Word2vec 的 Python 实现,称为 Gensim,Word2vec 可以与预训练的矢量一起使用,或者经过训练,在给定大型训练语料库(通常是数百万个文档)的情况下从头开始学习嵌入。

Quoc Le(夸克·勒)等人提出了一种使用与 Word2vec 类似的技术对完整段落进行编码的方法,它被称为段落矢量。每个段落都映射到一个向量,每个单词都映射到另一个向量。然后对段落向量和单词向量进行平均或连接,以预测给定的上下文的下一个单词。这可以理解为一个记忆单元,可以从给定的上下文(或者换句话说,段落主题)中回忆缺失的部分。上下文向量具有固定长度,并且它们从文本段落上的滑动窗口中采样,段落向量在同一段落生成的所有上下文中共享,但它们不与其他段落共享任何上下文。

Kiros(奇洛斯)等人引入了使用无监督学习来编码句子的跳越向量(skip through vectors)的思想。该模型使用循环网络(RNN)重建给定通道的邻近句子。共享语义和句法属性的句子被映射到相关的向量表示中,他们在几个任务中测试了模型,例如语义相似度、图像句子排名(image-sentence ranking)、复述检测(para-phrase detection)、问题类型分类、基准情绪和主观性数据集。最终结果是一个编码器,可以产生强大的高通用句子表示。

3.3 文本预处理

在回答关于理解文章的问题时,由于问题针对文章的不同部分,因此一些词和句子很重要,有些则无关紧要。诀窍是从问题中找出关键词,并将其与文章匹配,以找到正确的答案。

文本预处理思想为：机器不需要语料库中的无关部分。它只需要执行手头任务所需的重要单词和短语。因此，文本预处理技术涉及为机器学习模型和深度学习模型以及适当的分析准备语料库。文本预处理基本上是告诉机器什么需要考虑、哪些可以忽略。每个语料库根据需要来执行任务的不同文本预处理技术，一旦你学会了不同的预处理技术，你就会明白什么地方使用什么文本预处理技术和为什么使用。其中技术的解释顺序通常是被执行的顺序。

以下是自然语言处理中最常用的文本预处理技术：小写／大写转换、去噪、文本规范化、词干提取、词形还原、标记化、删除停止词。

3.3.1 小写／大写转换

这是人们经常忘记使用的最简单有效的预处理技术之一。它要么将所有的大写字符转换为小写字符，以便整个语料库都是小写的；要么将语料库中的所有小写字符转换为大写字符，以便整个语料库都是大写的。

当语料库不太大，并且任务涉及同一个词由于字符的大小写，而作为不同的术语或输出识别时，这种方法特别有用，因为机器固有地将大写字母和小写字母作为单独的实体来处理。比如，"A"与"a"是不同的。这种输入大小写的变化可能导致不正确的输出或根本没有输出。

例如，包含"India"和"india"的语料库如果不应用小写化，机器会把它们识别为两个独立的术语，而实际上它们都是同一个单词的不同形式，并且对应于同一个国家。小写化后，仅存在一种"India"实例，即"india"，简化了在语料库中找到所有提到印度时的任务。

3.3.2 去噪

噪声是一个非常普遍的术语，对于不同的语料库和不同的任务，它可能意味着不同的东西。对于一个任务来说，被认为是噪声的东西可能对另一个任务来说是重要的，因此这是一种非常特定于领域的预处理技术。例如，在分析推文时，标签对于识别趋势和理解全球谈论的话题可能很重要，但是在分析新闻文章时标签可能并不重要，因此在后者的情况下标签将被视为噪声。

噪声不仅包括单词,还可以包括符号、标点符号、HTML 标记(<、>、*、?)、数字、空白、停止词、特定术语、特定正则表达式、非 ASCII 字符(Wd+),以及解析词。

去除噪声是至关重要的,这样只有语料库的重要部分才能输入模型中,从而确保准确的结果。这也有助于将单词转化为词根或标准形式。考虑以下示例。

如图 3-4 所示,删除所有符号和标点符号后,"sleepy"的所有实例都对应于单词的一种形式,从而能够更有效地预测和分析语料库。

有噪声	无噪声
..sleepy	
sleepy!!	
#sleepy	sleepy
>>>>>sleepy>>>>	
<a>sleepy</a>	

图 3-4 去噪输出

3.3.3 文本规范化

文本规范化是将原始语料库转换为规范和标准形式的过程,这基本上是为了确保文本输入在被分析、处理和操作之前保证一致。

文本规范化的示例是将缩写映射到其完整形式,将同一单词的多个拼写转换为单词的一个拼写,以此类推。

如图 3-5 和图 3-6 所示是错误拼写和缩写的规范形式的示例。

对于规范化来说,并没有标准的方法,因为它非常依赖于语料库和手头的任务。最常见的方法是使用字典映射,它涉及手动创建一个字典,将一个单词的所有不同形式映射到该单词,然后用一个标准形式的单词替换掉每个单词。

原始形式	规范形式
Spaghetti	
Spagetti	
Spageti	Spaghetti
Spaghetty	
Spagetty	

图 3-5　各种拼写错误的规范形式

原始形式	规范形式
brb	be right back

图 3-6　缩写的规范形式

3.3.4 词干提取

在语料库上执行词干提取以将词语减少到词干或词根形式。说"词干或词根形式"的原因在于,词干提取的过程并不总是将词语简化为词根,有时只是将其简化为规范形式。

经过词干提取的词语被称为变形词。这些单词的形式与单词的根形式不同,以表示诸如数字或性别之类的属性。例如,"journalists"是"journalist"的复数形式。因此,词干提取将去掉"s",将"journalists"变为其根形式,相关示例如图 3-7 所示。

词干提取前	词干提取后
Annoying	
Annoyed	Annoy
Annoys	

图 3-7　词干提取结果

词干提取有助于构建搜索应用程序,因为在搜索特定内容时,你可能还希望找到该事物的实例,即使它们的拼写方式不同。例如,读者如果在本书中搜索练习,则可能还需要在搜索中显示"Exercise"。

然而,词干提取并不总能提供所需的词干,因为它通过切断单词的末端起作用。词干分析器会将"troubling"减少到"troubl"而不是

"trouble"，这对于解决问题没有帮助，因此词干提取不是常用的方法。使用时，Porter 词干提取算法是最常用的算法。

3.3.5 词形还原

词形还原是一个类似于词干提取的过程，它的目的是将一个词简化为词根形式。它的与众不同之处在于，它不仅仅删除单词的末尾以获取词根形式，而是遵循一个过程，遵守规则，并且经常使用 WordNet 进行映射以将单词返回到其根形式。（WordNet 是一个英语语言数据库，由单词及其定义以及同义词和反义词组成。它被认为是词典和词库的合并。）例如，词形还原能够将"better"这个词转换为根形式"good"，因为"better"只是"good"的比较级形式。虽然这种词形还原的质量使其与词干相比具有极高的吸引力和效率，但缺点是由于词形化遵循这种有组织的过程，因此需要花费更多的时间来完成词干提取。因此，当使用大型语料库时，不建议使用词形还原。

3.3.6 标记化

标记化是将语料库分解为单个标记的过程。标记是最常用的单词。因此，此过程将语料库分解为单个单词，但也可以包括标点符号和空格等。

这项技术是最重要的技术之一，因为它是许多自然语言处理应用的先决条件，例如词性（Parts-of-Speech，PoS）标记。这些算法将标记作为输入，并且不能使用字符串或文本段落作为输入。

可以执行标记化以获得单个单词以及单个句子作为标记。

3.3.7 其他技巧

有几种方法可以执行文本预处理，包括使用各种 Python 库（如 Beautiful soup）去除 HTML 标记。之前的练习旨在向你介绍一些技巧。根据手头的任务，可能只需要使用其中的一个、两个或全部，包括对它们所做的修改。例如，在噪声消除阶段，你可能会发现有必要删除诸如

"the""and""this"和"it"之类的单词。因此,你需要创建一个包含这些单词的数组,并通过 for 循环传递语料库,以仅存储不属于该数组的单词,从语料库中删除嘈杂的单词。另一种方法是在本章后面给出的,并在标记化后完成。

3.4 词嵌入

3.4.1 词嵌入及其重要性

正如本章前面部分所述,自然语言处理为机器学习模型和深度学习模型准备了文本数据。当提供数值数据作为输入时,模型执行效率最高,因此自然语言处理的关键作用是将预处理的文本数据转换为数值数据,数值数据是文本数据的数字表示。

词嵌入的含义为:它们是文本实值向量形式的数值表示。具有相似含义的词映射到相似的向量,因此具有相似的表示。这有助于机器学习不同单词的含义和背景。由于词嵌入是映射到单个单词的向量,因此只有在语料库上执行了标记化后才能生成词嵌入。

词嵌入包含多种用于创建学习的数值表示的技术,是表示文档词汇的最流行方式。词嵌入的好处在于,它们能够捕捉上下文、语义和句法的相似性,以及单词与其他单词的关系,从而有效地训练机器理解自然语言。这是词嵌入的主要目的——形成与具有相似含义的单词相对应的相似向量簇。

使用词嵌入是为了让机器像我们一样理解同义词。以一个在线餐馆评论为例。它们由描述食物、氛围和整体体验的形容词组成。它们要么是正面的,要么是负面的,理解哪些评论属于这两类中的哪一类是重要的。这些评论的自动分类可以让餐馆管理人员快速了解他们需要改进哪些方面,人们喜欢他们餐馆的哪些方面,等等。

有各种各样的形容词可以归类为正面的,负面的形容词也是如此。因此,机器不仅需要能够区分否定和肯定,还需要学习和理解多个单词可以与同一个类别相关,因为它们最终意味着相同的东西。这就是词嵌入的意义所在。

以餐饮服务申请中收到的餐馆评论为例。以下两句话来自两个不同的餐馆评论：

（1）Sentence A–The food here was great.

（2）Sentence B–The food here was good.

（句子 A——这里的食物很棒。句子 B——这里的食物很好。）机器需要能够理解这两个评论都是正面的，意思是相似的，尽管两个句子中的形容词不同。这是通过创建词嵌入来实现的，因为"good"和"great"两个词映射到两个独立但相似的实值向量，因此可以聚集在一起。

3.4.2 词嵌入的生成

我们已经理解了什么是词嵌入及其重要性，现在需要了解它们是如何产生的。将单词转换成其实值向量的过程称为矢量化，是通过词嵌入技术完成的。有许多可用的词嵌入技术，但是在本章中，我们将讨论两个主要的技术——Word2Vec 和 GloVe。一旦词嵌入（矢量）被创建，它们组合形成一个矢量空间，这是一个由遵循矢量加法和标量乘法规则的矢量组成的代数模型。

3.4.2.1 Word2Vec

Word2Vec 是用于从单词生成向量的词嵌入技术之一。这一点可能从名字本身就能理解。

Word2Vec 是一个浅层神经网络，只有两层，因此不具备深度学习模型的资格。输入是一个文本语料库，它用来生成矢量作为输出。这些向量被称为输入语料库中单词的特征向量。它将语料库转换成可以被深层神经网络理解的数值数据。

Word2Vec 的目的是理解两个或更多单词一起出现的概率，从而将具有相似含义的单词组合在一起，在向量空间中形成一个聚类。像任何其他机器学习或深度学习模型一样，通过从过去的数据和过去出现的单词中学习，Word2Vec 变得越来越有效。因此，如果有足够的数据和上下文，它可以根据过去的事件和上下文准确地猜测一个单词的意思，就像我们理解语言的方式一样。

例如,一旦我们听说并阅读了"男孩"和"男人"以及"女孩"和"女人"这几个词,并理解了它们的含义,我们就能够在它们之间建立联系。同样,Word2Vec 也可以形成这种连接,并为这些单词生成向量,这些单词在同一个簇中紧密地放在一起,以确保机器知道这些单词意味着类似的事情。

一旦给了 Word2Vec 一个语料库,它就会产生一个词汇,其中每个单词都有一个自己的向量,这就是所谓的神经词嵌入,简单地说,这个神经词嵌入是一个用数字写的单词。

Word2Vec 针对与输入语料库中的单词相邻的单词训练单词,有两种方法:连续单词袋(CBOW)和 Skip-gram 方法。

(1)连续单词袋(CBOW)。

该方法基于上下文预测当前单词。因此,它将单词的周围单词作为输入来产生单词作为输出,并且它基于这个单词确实是句子的一部分的概率来选择这个单词。

例如,如图 3-8 所示,如果算法被提供了单词"the food was"并且需要预测它后面的形容词,它最有可能输出单词"good"而不是输出单词"delightful",因为将会有更多的例子使用单词"good",并且因此它已经知道"good"比"delightful"具有更高的概率。CBOW 比 Skip-gram 更快,并且使用更频繁的单词具有更高的准确性。

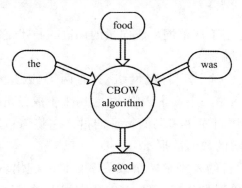

图 3-8 连续词袋算法

(2)Skip-gram。

这种方法通过将单词作为输入,理解单词的意思,并将其分配给上下文来预测单词周围的单词。例如,如图 3-9 所示,如果算法被赋予

"delightful"这个词,它就必须理解它的意思,并从过去的上下文中学习来预测周围的词是"the food was"的概率是最高的。Skip-gram 在小语料库中效果最好。

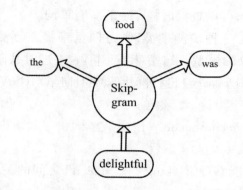

图 3-9　Skip-gram 方法

　　虽然这两种方法似乎以相反的方式工作,但它们本质上是基于本地(附近)单词的上下文来预测单词。它们使用上下文窗口来预测下一个单词。这个窗口是可配置的参数。

　　选择使用哪种算法取决于手头的语料库。CBOW 基于概率工作,因此选择在特定上下文中出现概率最高的单词。这意味着它通常只预测常见和频繁的单词,因为这些单词具有最高的概率,而罕见和不频繁的单词永远不会由 CBOW 产生。另一方面,Skip-gram 预测上下文,因此当给定一个单词时,它将把它作为一个新的观察,而不是把它与一个具有相似含义的现有单词进行比较。正因为如此,罕见的词语将不会被避免或忽略。然而,这也意味着 Skip-gram 需要大量的训练数据才能有效工作。因此,应该根据手头的训练数据和语料库,来决定使用哪种算法。

　　从本质上说,这两种算法以及整个模型,都需要一个高强度的学习阶段,在这个阶段,它们要经过成千上万个单词的训练,才能更好地理解上下文和含义。基于此,它们能够给单词分配向量,从而帮助机器学习和预测自然语言。

3.4.2.2 GloVe

　　GloVe 是"全局向量(Global Vector)"的缩写,是斯坦福开发的一种词嵌入技术。这是一个无监督的学习算法,建立在 Word2Vec 的基础上。虽然 Word2Vec 在生成词嵌入方面相当成功,但它的问题是它有一个小窗口,通过这个窗口它可以聚焦于本地单词和局部上下文来预测单词。这意味着它无法从全局,即整个语料库中出现的词的频率中学习。GloVe,顾名思义,可以查看语料库中的所有单词。

Word2Vec 是一种预测模型,学习向量来提高预测能力,而 GloVe 是一种基于计数的模型。这意味着 GloVe 通过对共现计数矩阵(co-occurrence counts matrix)进行降维来学习向量。GloVe 能够建立的联系是这样的:

king–man+woman=queen

(国王 – 男人 + 女人 = 王后)

这意味着它能够理解"king"和"queen"之间的关系类似于"man"和"woman"之间的关系。

在处理语料库时,存在基于词频构造矩阵的算法。基本上,这些矩阵包含以行的形式出现在文档中的单词,而列则是段落或单独的文档。矩阵的元素代表单词在文档中出现的频率。自然,有了一个大语料库,这个矩阵将是巨大的。处理如此大的矩阵将花费大量的时间和内存,因此我们执行降维。这是减小矩阵尺寸的过程,因此可以对其执行进一步的操作。在 GloVe 的例子中,矩阵被称为共现计数矩阵,它包含一个单词在语料库的特定上下文中出现了多少次的信息。行是单词,列是上下文。这个矩阵然后被分解以减少维数,且新矩阵对于每个单词以一个向量表示。

GloVe 也有附带向量的预处理词,如果语义匹配语料库和手头的任务,就可以使用这些词。

3.5 词性标注

在我们直接进入算法之前,先了解什么是词类。词类是我们大多数人在学习英语的早期被教授的东西。它们是根据自身句法或语法功能分配给单词的类别。这些功能是不同单词之间存在的功能关系。

英语有九个主要的词性：名词、代词、动词、形容词、限定词、副词、介词、连词、感叹词。每个单词都属于一个特定的词性标签，这有助于我们理解单词的含义和目的，使我们能够更好地理解它所使用的语境。

3.5.1 词性标注器

词性标注是给单词指定标签的过程。这是通过一种称为词性标注器的算法来完成的。

大多数词性标注器都是有监督学习算法。有监督学习算法是机器学习算法，学习根据以前标记的数据执行任务。这些算法以数据行作为输入。该数据包含特征列（用于预测某些事物的数据），通常是一个标签列（需要预测的事物）。模型在这个输入上被训练，以学习和理解哪些特征对应于哪个标签，从而学习如何执行预测标签的任务。最终，它们会得到未标记的数据（仅由特征列组成的数据），它们必须为这些数据预测标记。

因此，词性标注器通过学习先前标注的数据集来磨炼它们的预测能力。在这种情况下，数据集可以由多种特征组成，例如单词本身（显然），单词的定义，单词与其前一个、后一个以及出现在同一句子、短语或段落中的其他相关单词的关系。这些特性共同帮助标注器预测应该给一个单词分配什么样的词性标记。用于训练有监督词性标注器的语料库称为预标注语料库。这种语料库作为创建一个系统的基础，使词性标注器能够标记未标记的单词。

然而，预标注语料库并不总是容易获得的，为了准确地训练标注器，语料库必须很大。因此，最近出现了可被视为无监督学习算法的词性标注器的迭代。这些算法将仅由特征组成的数据作为输入。这些特征与标签无关，因此算法不是预测标签，而是形成输入数据的组或簇。

在词性标注的情况下，模型使用计算方法自动生成词性标注集。虽然在有监督的词性标注器的情况下，预标注语料库负责帮助为标注器创建系统的过程，但是这些计算方法作为创建这种系统的基础。无监督学习方法的缺点是自动生成的词性标注聚类可能不总是像在用于训练有监督方法的预标注语料库中发现的那样准确。总之，有监督学习方法和无监督学习方法的主要区别如下：

（1）有监督词性标注器将预标注语料库作为输入进行训练，而无监督词性标注器将未标注的语料库作为输入来创建一组词性标注。

（2）有监督词性标注器根据标注的语料库创建带有各自词性标注的单词词典，而无监督词性标注器使用自己创建的词性标注集生成这些词典。

几个 Python 库（如 NLTK 和 spaCy）已经训练了自己的词性标注器。需要记住的一件重要事情是，由于词性标注器为给定语料库中的每个单词指定了词性标注，因此输入需要以单词标记的形式进行。因此，在执行词性标注之前，需要对语料库进行标记化。

训练好的有监督和无监督词性标注器的输入和输出是相同的：分别是标记和带有词性标注的标记。

3.5.2 词性标注的应用

就像文本预处理技术通过鼓励机器只关注重要的细节来帮助机器更好地理解自然语言一样，词性标注帮助机器实际解释文本的上下文，从而理解它。虽然文本预处理更像是一个清理阶段，词性标注实际上是机器开始输出有关语料库的有价值信息的部分。

理解哪些单词对应哪些词性，有助于机器以多种方式处理自然语言：

（1）词性标注有助于区分同音异义词——拼写相同但含义不同的词。例如，单词"play"可以指进行活动时的动词，也可以指将在舞台上表演的戏剧作品中的名词。词性标注器可以通过确定词性标注来帮助机器理解单词"play"在什么上下文中使用。

（2）词性标注建立在句子和分词需求的基础上，这是自然语言处理的基本任务之一。

（3）词性标注被其他算法用于执行更高级别的任务，我们将在本章讨论命名实体识别。

（4）词性标注也有助于情感分析和问题回答的过程。例如，在句子"蒂姆·库克（Tim Cook）是这家科技公司的首席执行官"中，你希望机器能够用公司的名称来代替"这家科技公司"。词性标注可以帮助机器识别短语"该技术公司"是限定词（（this）+ 名词短语（technology company))。例如,它可以使用这些信息在网上搜索文章,并检查"蒂姆·库克是苹果公司的首席执行官"出现多少次,然后决定苹果公司是否是正确的答案。

因此,词性标注是理解自然语言过程中的重要一步,因为它有助于完成其他任务。

3.5.3 词性标注的类型

正如我们在上一节中看到的,词性标注器可以是有监督学习类型和无监督学习类型。

这种差异很大程度上影响了标注器的训练方式。还有一个区别会影响标注器实际上如何给一个未标记的单词分配一个标记,这是用来训练标注器的方法。这两种类型的词性标注器是基于规则的和随机的。下面分别介绍。

3.5.3.1 基于规则的词性标注器

这些词性标注器的工作方式几乎和它们的名字一样——按照规则。给标注器一组规则的目的是确保它们在大多数情况下准确地标记一个模棱两可或未知的单词,因此大多数规则仅在标注器遇到模棱两可或未知的单词时才适用。

这些规则通常被称为上下文框架规则,并为标注器提供上下文信息,以理解给一个模棱两可的单词加什么标记。一个规则的例子如下:如果一个模棱两可或未知的单词"x"前面有限定词,后面有名词,那么就给它指定一个形容词的标记。例如"一个小女孩",其中"一个"是限定词,"女孩"是名词,因此标注器会给"小"一词指定形容词。

规则取决于语法理论。此外,它们通常还包括大写和标点符号等规则。这可以帮助你识别代词,并将其与句子开头(句号后)的单词区分开来。

大多数基于规则的词性标注器都是有监督的学习算法,以便能够学习正确的规则并将其应用于正确标注歧义词。然而,最近有一些实验以无监督的方式训练这些标注器。未标注的文本被给予标注器进行标注,并且人类检查输出标注,纠正不准确的标注。然后,将正确标注的文本交给标注器,以便它可以在两个不同的标注集之间制定校正规则,并学习如何准确标注单词。

这种基于校正规则的词性标注器的一个例子是布里尔的标记器,它遵循前面提到的过程。它的功能可以和绘画艺术相提并论——当画房子的时候,先画房子的背景(例如,棕色的正方形),然后用更细的刷子在背景上画细节,例如门和窗户。类似地,布里尔的基于规则的词性标注器的目标是首先通常标注一个未标注的语料库(即使有些标注可能是错误的),然后重新访问这些标注以理解为什么有些标注是错误的并从中学习。

3.5.3.2 随机的词性标注器

随机词性标注器是使用除了基于规则的方法之外的任何方法来给单词指定标注的标注器。因此,有许多方法属于随机范畴。当确定单词的词性标注时,所有结合统计方法(如概率和频率)的模型都是随机模型。

我们将讨论三种模型:单位法或词频法、n元法、隐马尔可夫模型。

(1)单位法或词频法。

最简单的随机词性标注器仅根据一个单词与一个标签一起出现的概率将词性标注分配给模棱两可的单词。这基本上意味着,标注器在训练集中发现的与某个单词最常链接的任何标注,都会被分配给同一个单词的模糊实例。例如,假设训练集中的单词"美丽(beautiful)"在大多数情况下被标注为形容词。当词性标注器遇到"beaut"时,不能直接标注,因为它不是一个合适的词。这将是一个模棱两可的单词,因此它将根据该单词的不同实例被每个词性标注的次数来计算它成为每个词性标注的概率。"beaut"可以被看作是"美丽"的模糊形式,由于"美丽"在大多数情况下被标记为形容词,所以词性标注器也会将"beaut"标记为形容词。这称为词频法,因为标记器会检查分配给单词的词性标注的频率。

(2)n元法。

这基于前面的方法。名称中的n代表在确定一个单词属于特定词性标注的概率时要考虑多少个单词。在单位标注器中,n=1,因此只考虑单词本身。增加n值会导致标注器计算n个词性标注的特定序列一起出现的概率,并基于该概率为单词分配标签。

当给一个单词分配一个标注时,这些词性标注器通过将它是什么类型的标记以及前面 n 个单词的词性标注考虑在内来创建单词的上下文。基于上下文,标注器选择最有可能与前面单词的标注顺序一致的标注,并将其分配给所讨论的单词。最流行的 n 元标注器被称为维特比算法(Viterbi Algorithm)。

(3)隐马尔可夫模型。

隐马尔可夫模型结合了词频法和 n 元法。马尔可夫模型是描述一系列事件或状态的模型。每种状态发生的概率仅取决于前一事件所达到的状态。这些事件基于观察。隐马尔可夫模型的"隐藏"方面是事件可能隐藏的一组状态。

在词性标注的情况下,观察值是单词标记,隐藏的状态集是词性标注。这种工作方式是,模型基于前一个单词的标注计算一个单词具有特定标注的概率。例如,假设前一个单词是名词,则 P(VINN)是当前单词成为动词的概率。

3.6 分块

词性标注器研究单词的单个标记。然而,标注单个单词并不总是理解语料库的最佳方式。例如,"United"和"Kingdom"这两个词分开时没有多大意义,但是"United Kingdom"连在一起告诉机器这是一个国家,从而为它提供了更多的上下文和信息。这就是分块过程起作用的地方。

分块是一种以单词及其词性标注作为输入的算法。它处理这些单独的标记及其标签,以查看它们是否可以组合。一个或多个单独标记的组合称为块,分配给这种块的词性标注称为分块标签。

分块标签是基本词性标注的组合。它们比简单的词性标注更容易定义短语,也更有效。这些短语是分块。在某些情况下,单个单词被认为是一个块,并被赋予一个分块标签。有五个主要的分块标签:

（1）名词短语（NP）：这些短语以名词为词头。它们充当动词或动词短语的主语或宾语。

（2）动词短语（VP）：这些短语以动词为词头。

（3）形容词短语（ADJP）：这些短语以形容词为词头。描述和限定名词或代词是形容词短语的主要功能。它们直接位于名词或代词之前或之后。

（4）副词短语（ADVP）：这些短语以副词为词头。通过提供描述和限定名词和动词的细节，它们被用作名词和动词的修饰语。

（5）介词短语（PP）：这些短语以介词为词头。它们在时间或空间上定位一个行为或实体。

例如，在句子"the yellow bird is slow and is flying into the brown house（黄色的鸟跑得很慢，正在飞向棕色的房子）"中，以下短语将被分配以下分块标签：

"the yellow bird"–NP

"is"–VP

"slow"–ADJP

"is flying"–VP

"into"–PP

"the brown house"–NP

因此，分块是在词性标注已经应用于语料库之后执行的。这允许文本被分解成最简单的形式（单词的标记），对其结构进行分析，然后再组合成有意义的更高级的块。分块也有利于命名实体识别的过程。我们将在下一节中看到。

NLTK库中的块解析器是基于规则的，因此需要将正则表达式作为规则输出带有块标注的块。spaCy可以在没有规则的情况下执行分块。

3.7 加缝

加缝是分块的延伸，它不是处理自然语言的强制性步骤，但可能是有益的。

分块是在加缝后进行的。分块之后,你有分块及其分块标签,以及单个单词及其词性标注。通常,这些多余的词是不必要的。它们对理解自然语言的最终结果或整个过程没有贡献,因此是一种麻烦。加缝的过程通过提取分块来帮助我们处理这个问题,分块标注形成标注语料库,从而去除不必要的位。这些有用的分块一旦从标注语料库中提取出来,就被称为缝隙。

例如,如果你只需要语料库中的名词或名词短语来回答诸如"这个语料库在谈论什么?",你会应用加缝,因为它会提取出你想要的东西并呈现在你眼前。

3.8 命名实体识别

这是信息提取过程中的第一步。信息提取是机器从非结构化或半结构化文本中提取结构化信息的任务,这促进了机器对自然语言的理解。

经过文本预处理和词性标注,语料库成为半结构化和机器可读的。因此,信息提取是在准备语料库后执行的。

3.8.1 命名实体

命名实体是现实世界中的对象,可以分为类别,如人、地方和事物。基本上,这些词可以用一个恰当的名字来表示。命名实体还可以包括数量、组织、货币价值和许多其他东西。

命名实体及其所属类别的一些示例如下:

(1)唐纳德·特朗普(人)。

(2)意大利(国家)。

(3)瓶子(物品)。

(4)500美元(钱)。

命名实体可以被视为实体的实例。在前面的例子中，类别基本上是它们自己的实体，命名实体是这些实体的实例。例如，伦敦是城市的一个实例，它是一个实体。

3.8.2 命名实体识别器

命名实体识别器（NER）是一种从语料库中识别和提取命名实体并给它们分配类别的算法。提供给训练有素的命名实体识别器的输入，由带有各自词性标注的标记化单词组成。

命名实体识别的输出是命名实体及其类别，以及其他标记化单词及其词性标注。

命名实体识别问题分两个阶段进行：

（1）找到并识别命名实体（例如，"London"）；

（2）对这些名称实体进行分类（例如，"London" is a "location"）。

识别命名实体的第一阶段与分块过程非常相似，因为目标是识别用专有名词表示的事物。命名实体识别器需要寻找连续的标记序列，以便能够正确识别命名实体。例如，"美国银行"应该被确定为一个单独的命名实体，尽管短语中包含"美国"一词，而"美国"本身就是一个命名实体。

很像词性标注器，大多数命名实体识别器都是有监督学习算法。它们接受包含命名实体及其所属类别的输入训练，从而使算法能够学习如何在未来对未知命名实体进行分类。

这种包含命名实体及其各自类别的输入通常被称为知识库。一旦一个命名实体识别器已经被训练，并且被给予一个未被识别的语料库，它就参考这个知识库来搜索要分配给一个命名实体的最准确的分类。

然而，由于有监督学习需要过多的标记数据，命名实体识别器的无监督学习版本也在研究中。这些都是在没有分类命名实体的未标记语料库上训练的。像词性标注器一样，命名实体识别器对命名实体进行分类，然后不正确的类别由人手动纠正。这些修正后的数据被反馈给NER（命名实体识别器），这样它们就可以简单地从错误中学习。

3.8.3 命名实体识别的应用

如前所述,命名实体识别是信息提取的第一步,因此在使机器理解自然语言并基于自然语言执行各种任务方面起着重要作用。命名实体识别现在可以用于各种行业和场景,以简化并自动化流程。下面列举几个用例。

（1）在线内容,包括文章、报告和博客帖子,它们通常会被标记,以便用户能够更容易地搜索,并快速了解确切内容。命名实体识别器可用于搜索该内容,并提取命名实体以自动生成这些标签。这些标签也有助于将文章分类到预定义的层次结构中。

（2）搜索算法也受益于这些标签。如果用户要在搜索算法中输入关键词,而不是搜索每篇文章的所有单词(这将需要很长时间),该算法只需要参考命名实体识别产生的标签,就可以提取包含或属于输入关键词的文章,这大大减少了计算时间和操作。这些标签的另一个目的是创建一个高效的推荐系统。如果你读了一篇讨论印度当前政治形势的文章,因此可能被标注为"印度政治"(这只是一个例子),新闻网站可以使用这个标签来建议不同的文章使用相同或相似的标签。这也适用于电影和表演等视觉娱乐。在线流媒体网站使用分配给内容的标签(例如,"动作""冒险""惊悚"等类型)来更好地理解你的品味,从而向你推荐类似的内容。

（3）客户反馈对任何服务或产品提供公司都很重要。通过命名实体识别器运行客户投诉和审查,生成标签,可以帮助根据位置、产品类型和反馈类型(正面或负面)对其进行分类。然后,这些评论和投诉可以发送给负责特定产品或特定领域的人员,并可以根据反馈是正面的还是负面来处理。推特、图片说明、脸书帖子等也可以做到这一点。

3.8.4 命名实体识别器类型

与词性标注器的情况一样,有两种设计命名实体识别器的一般方法:通过定义规则来识别实体的语言学方法,或者使用统计模型来确定命名实体属于哪个类别的随机方法。

（1）基于规则的 NER。

基于规则的 NER 的工作方式与基于规则的词性标注器的工作方式相同。

（2）随机 NER。

这些模型包括使用统计数据命名和识别实体的所有模型。随机命名实体识别的常用方法有以下两种：

①最大熵分类。这是一个机器学习分类模型。它仅根据提供给它的信息（语料库）来计算命名实体落入特定类别的概率。

②隐马尔可夫模型。该方法与词性标注部分中解释过的方法相同，但隐藏的状态集不是词性标注，而是命名实体的类别。

3.9 机器翻译

机器翻译是自然语言处理中最具实用价值的一种应用。自 1956 年人工智能产生之时起机器翻译已成为当时的热门研究之一，但由于受技术条件的限制，在经历了 30 余年的不懈努力后，直至 20 世纪 90 年代才逐渐进入实际应用阶段。到目前为止，机器翻译已进入实用化阶段，多种机器翻译产品已进入市场，并发挥了重要作用。

3.9.1 机器翻译的基本原理

从形式上看，机器翻译实际上就是从一种符号序列（称为源语言）通过一定的规则转换成另一种符号序列（称为目标语言）的过程。这种转换过程可以用人工智能方法实现，称为机器翻译。它的基础理论是自然语言处理。由于这种转换过程极其复杂，在实际处理时还需要用到人工智能基础理论中的演绎推理、归纳推理（特别是其中的深度学习）等多种理论。

早期的机器翻译算法多是基于统计模型：首先从大量人工翻译好的文本中学习出源语言与目标语言直接的对应关系，然后利用语言建模进行词汇级的匹配,也称为词语对齐,是传统基于统计翻译的一个基本出发点。最简单的例子是,给定源语言(中文)句子如 $x=$ "猴子喜欢吃香蕉。",希望找到最匹配的目标语言(英文)句子 y,即

$$\max P(y|x)$$

从已有的翻译文本中通过计算源语言的不同词语与目标语言的不同词语关联出现的频次,可以发现如下对应关系:

"猴子" $\leftrightarrow$ "monkey"

"喜欢" $\leftrightarrow$ "like"

"吃" $\leftrightarrow$ "eat"

"香蕉" $\leftrightarrow$ "banana"

于是可以把该源语言句子翻译为"(a)monkey like(s)eat(ing)banana(s).",其中括号中的部分表示词语对齐翻译后,根据目标语言英语的语法要求和表述习惯而增加的部分,使得译文正确流畅。这个过程看似简单,但实际操作是非常繁杂且具有挑战性的,涉及句子词语的划分规则、不同词语的多重对应关系、语法分析、语境理解、译词的选择、译文语法重建等14个步骤。例如,中文里"加油"可以表达鼓励和本意"添加油"两个意思,而每个意思在不同情况下对应的英文表述也不一样;"缘分"则找不到一个英文单词与之意思完全吻合。也正因为如此,传统的统计机器翻译一直未取得大的进步。

通常,机器翻译的过程是:首先对源语言作分析(如词法分析、句法分析、语义分析)后形成某种形式的内部结构表示(如句法结构形式),然后将此种内部形式转换成目标语言的相应内部表示。最后,从目标语言的内部表示再生成目标语言。

机器翻译过程如图 3-10 所示。

在此翻译过程中,源语言分析与目标语言生成可用自然语言处理的方法解决,真正在机器翻译中所需处理的是:源语言与目标语言内部表示的转换。

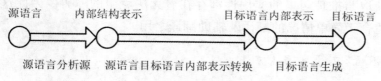

图 3-10　机器翻译过程

除此以外,还有两种翻译过程:一种是直接从源语言文本到目标语言文本的过程,另一种是从源语言通过另一种中间语言再到目标语言文本的过程。机器翻译一般就这三种翻译过程。

机器翻译系统的设计原则是指在研究开发针对不同语种、不同专业,实现语言互译翻译系统时要遵守的基本准则。这一准则就是在设计时要考虑怎样设计多语种、多专业的高性能机器翻译系统,解决该系统在不同应用需求情况下所面临的技术难题,并实现在不同应用领域、不同应用平台上的完整解决方案。因此,设计出全自动高质量的机器翻译系统应该是我们的目标。

机器翻译应用系统的设计应遵循以下原则:

(1)适应多种平台操作的原则;

(2)适应技术进步的原则;

(3)适应信息处理的智能化原则;

(4)适应信息处理的集成化原则;

(5)适合于网络多用户并用原则。

3.9.2 机器翻译的实现方法

从机器翻译发展历史看,它的实现方法有很多种,一般有效的有以下四种。

3.9.2.1 基于人工规则的方法

这是机器翻译发展历史中最原始的方法,它是用专家系统的思想作为机器翻译,因为翻译的工作属于专家范畴。这种方法的基本思想是通过人工的方法将翻译的知识(包括事实与规则)组织成知识库,然后用演绎推理的方法实现翻译的过程。

这种方法从技术上看并无问题,但在实现中难度极大,主要是人工知识获取与推理引擎的实用性都存在着无法克服的障碍。因此这种方法仅适合于简单情况的翻译及辅助翻译之用。

3.9.2.2 基于实例的方法

进一步的发展是采用基于实例的学习方法。这种翻译方法是首先建立一个实例库,在这个库中存有很多从源语言到目标语言之间的多个翻译实例,在翻译时在库中寻找相似的目标语言例子,然后再作适当调整而成。

这也是一种可行的办法,但是由于自然语言语句的复杂性与多样性,因此,实例库的完整性与多样性很难得到保证。因此这种方法也仅适合于简单情况的翻译及辅助翻译之用。

3.9.2.3 基于统计模型的方法

基于统计模型的方法又称统计机器翻译方法,这种方法实际上就是浅层机器学习方法。它是应用基于参数的数学方法,同时用实例库中实例对参数作训练,最终将效果最好的作为翻译结果。

这种方法实现的具体步骤是:

(1)建模:建立一个具有多个参数的数学公式作为其原始模型。

(2)训练:用实例库中实例对原始模型作训练以确定其参数,获得统计模型。

(3)推理:对给定源句子,经统计模型后所获得的目标句子集中选取概率为最大的句子作为结果句子。

这种方法在20世纪90年代后期用得比较多,为很多产品所采用。但它也存在很多弊端,如缺乏合适的语义表示,难以利用非局部上下文等。

3.9.2.4 基于深度学习的方法

近年来人工神经网络及深度学习理论获得了突破性进展,用这种方法于机器翻译中可以消除上述很多弊端,目前大致可采用以下两种方法:

(1)利用深度学习方法改进基于统计模型的方法。

(2)端对端神经机器翻译方法。这是一种新的方法,它直接利用深度学习方法,实现从源语言文本到目标语言文本的映射。

目前采用这种方法的效果最为理想。当下较为流行的产品也大都采用了这种方法,如Google翻译系统、百度翻译等。

3.9.2.5 基于循环网络的方法

在深度学习取得成功以后,基于循环网络的机器翻译方法备受关注并且取得了很大成功。循环网络翻译算法又称为端到端(End-to-End)或者串到串(Seq-to-Seq)的学习,其网络框架如图 3-11 所示,包括两个循环网络部分:编码网络和解码网络。编码网络接收源语言的语句,经过网络运算后得到隐含变量并传输到解码网络,然后解码网络作为一个语言预测模型,结合编码网络的隐含层变量输出翻译后的目标语言句子。在训练时两个网络作为一个总体,每次输入一个源语言的句子,把目标语言对应的翻译句子作为网络输出的目标,利用反向传播算法进行训练。

与传统的基于统计的机器翻译相比,循环网络机器翻译的质量较高,如译文更加流畅、能够更好地体现上下文环境和更准确地对多义词的翻译等,同时也不需要进行词语对齐,从而节省了很多人力。值得一提的是,不论源语言和目标语言是什么,循环网络的机器翻译都可以使用如上同一个网络结构解决,从而省去了很多模型尝试和网络调试工作,实际应用中使用起来也更方便。

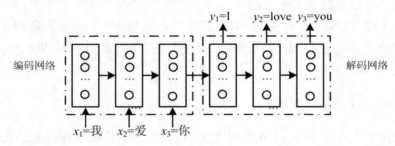

图 3-11　循环网络机器翻译

3.9.2.6 基于语音的机器翻译

上面四种是基于文本的机器翻译,是机器翻译的基础。此外,还有基于语音的机器翻译。这种机器翻译的方法就建立在基于文本的机器翻译基础之上,再加上语音处理技术后就能方便实现。图 3-12 所示是基于语音的机器翻译实现的过程。

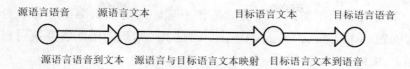

图3-12 基于语音的机器翻译实现的过程

分为以下三个步骤：

（1）源语言语音到文本：可用语音识别技术实现。

（2）源语言与目标语言文本映射：可用基于文本的机器翻译方法实现。

（3）目标语言文本到语音：可用语音合成技术实现。

3.9.3 机器翻译的应用

机器翻译的应用已进入实用化阶段，机器翻译的产品也大量涌现。其中，Google 翻译系统可以实现 63 种主要语言之间的相互翻译，而且功能强、使用方便。此外，还有 Facebook 的翻译系统、必应翻译等。我国的机器翻译也已跻身于国际先进行列，著名的产品有百度翻译、阿里翻译及专业公司科大讯飞的翻译机等。

3.10 智能问答

智能问答（question answering，QA）旨在为用户提出的自然语言问题自动提供精准答案。目前，该类系统被广泛用于包括搜索引擎和智能语音助手等在内的人工智能产品。

按照所使用问答知识库的不同，智能问答任务可以大体分为四类：基于知识图谱的问答、基于文本的问答、基于社区的问答以及基于视觉的问答。受篇幅限制，接下来将重点介绍基于知识图谱的问答任务。

知识图谱问答（knowledge-based QA）是指基于给定知识图谱，自动回答自然语言问题的任务。为了方便读者理解，下面采用一个简单的例子来说明知识图谱问答系统的工作原理。给定知识图谱和一个自然语言问题"where was Barack Obama born？"，知识图谱问答系统可以通过如下四步完成问答任务：

（1）实体链接（entity linking），负责从输入问题中检测该问题包含的知识图谱实体。

（2）关系分类（relation classification），负责从输入问题中检测该问题提到的知识图谱谓词。

（3）语义分析（semantic parsing），负责基于实体链接和关系分类的结果，将输入问题转化为对应的语义表示。

（4）答案查找（answer look up），负责基于问题对应的语义表示，从知识图谱中查找得到问题对应的答案实体。

上述过程只代表知识图谱问答方法中一种最简单的情况。在实际工作中，不同的知识图谱问答方法可以归纳为基于语义分析的方法和基于答案排序的方法两大类。

（1）基于语义分析的方法。使用语义分析器将自然语言问题转化为机器能够执行的语义表示，进而查询知识图谱获得问题对应的答案。

（2）基于答案排序的方法。将问答任务看成是检索任务，该类方法主要包含四步。

①问题实体识别，负责从输入问题中检测其提到的知识图谱实体。

②答案候选检索，负责根据识别出来的问题实体从知识图谱中查找与之满足特定约束条件的知识图谱实体集合作为答案候选。

③答案候选表示，负责基于答案候选所在的知识图谱上下文，生成答案候选对应的向量表示。

④答案候选排序，负责对不同答案候选进行打分和排序，并返回得分最高的答案候选集合作为输出结果。

智能问答系统在现代搜索引擎和智能语音助手中起着至关重要的作用，这是由于搜索和人机对话中相当比例的场景都属于问答场景。以 Google、微软必应和百度为代表的搜索引擎都提供智能问答功能。Apple、Google 和 Microsoft 等公司发布的智能对话产品中也都将智能问答模块作为其重要组成部分。

第4章

人机交互技术

信息技术的高速发展给人类生产、生活带来了广泛而深刻的影响。信息技术、数字技术和网络技术一体化的信息交流方式，使人们明显感觉到快捷与自由、开放与互动，但是作为信息技术的重要内容，人机交互技术比计算机硬件和软件技术的发展要滞后许多，已经成为人类运用信息技术深入探索和认识客观世界的瓶颈。人机交互技术的发展水平直接影响着计算机的可用性和效率。因此，人机交互技术已成为信息领域亟须解决的重大课题，引起多国的高度重视。我国国家自然科学基金委员会、国家重点基础研究发展计划（973）、国家高技术研究发展计划（863）等项目指南中，均将先进的人机交互技术以及虚拟现实技术列为特别关注的资助项目。

　　目前，随着多媒体、多通道和虚拟现实技术的发展，人机交互技术正经历着从精确交互向非精确交互、从单通道交互向多通道交互、从二维交互向三维交互的转变，这对传统的 WIMP 用户界面设计理论提出了巨大的挑战。

　　人机交互技术是研究人、计算机及其之间相互影响的技术，是一个跨学科的领域，包括计算机科学、认知心理学、人机工程学等。人机自然交互的核心是理解交互对象之间所进行交互的内容。特别是使计算机理解人所发出的指令、语句，进行识别，以便执行人的命令，或理解说话内容，回答人所提出的问题。

4.1 语音交互技术

语音交互包括语音合成和语音识别两部分。

4.1.1 语音合成

语音合成，又称文语转换（Text to Speech）技术，它涉及声学、语言学、数字信号处理、计算机科学等多个学科技术，主要解决如何将文字信息转化为声音信息，即让机器像人一样开口说话。这在情感机器人的设计中是必不可少的，只有让情感机器人开口说话，才能达到人与机器人的语音交互，才能在语言、语调中体现出机器人的情感状态，才能追求自然和谐的人机交互。下面介绍一下如何实现情感机器人的语音合成功能。

微软的 Speech SDK5.1 采用了 COM 组件形式实现语音合成，比较简单易学。成功安装 Microsoft Speech SDK5.1 后，就会在系统的控制面板→语音→文字语音转换下拉框中出现语音合成引擎，其中英文的语音合成有 Mike、Mary 和 Sam 三个角色，而对于中文的语音合成，微软仅提供了 simple Chinese 一种声音。

语音合成的具体程序步骤如下：

①调用 API 函数 Colnitialize 初始化 COM 组件。

②使用 SpFindBestToken 函数，传入参数，设置中英文语言类型。

③调用 CoCreateInstance API 函数创建 COM 语音合成接口实例 IspVoice。

④调用 IspVoice 接口方法 SetVoice，加载前面所设置的声音类型。

⑤初始化工作全部成功后，则可以在程序需要的地方调用 IspVoice 接口中的 Speak 方法，将合成的语句以宽字符的形式作为参数即可。

在合成过程中，可以使用 SetVolume、SetRate 等方法调节语音合成的音量、速度等。另外,还可以调用 IspVoice 接口的 SetNotify Window Message 方法,设定在语音合成过程中某一事件发生时合成引擎向程序窗口发送的消息。

4.1.2 语音识别

语音识别是通过机器识别和理解把语音信号转变为相应文本文件或命令的技术。作为一个专门的研究领域,语音识别又是一门交叉学科,它与声学、语音学、语言学、人工智能、数字信号处理理论、信息理论、模式识别理论、最优化理论、计算机科学等众多学科紧密相连。在情感机器人的设计中语音识别是必不可少的一步,语音识别就如同让情感机器人拥有了"耳朵",这种人性化的设计是完成语音交互的基础。

语音识别模块利用微软的 Speech SDK5.1 提供的 API 设计开发。Speech SDK5.1 提供了两套 API 函数,分别是 Application-Level Interfaces 和 Engine-Level Interfaces。前者为语音识别应用程序,为开发提供了各种接口和方法。后者提供的是语音识别引擎接口和方法,主要是为了便于用户进行 DDI 或设备驱动程序开发。

与语音合成相比,语音识别的实现过程稍显复杂。简单说来,在经历了一系列的初始化之后,设置识别引擎返回消息,当语音识别事件发生后,若识别成功,识别引擎自动向程序窗口发送识别成功的消息,若识别失败消息,开发者根据自身程序的情况进行相应处理。具体过程如图 4-1 所示。

（1）初始化 COM。

微软 Speech SDK 通过 COM 组件提供给开发人员,因此,在对 SAPI 进行调用前需要对 COM 进行初始化。由于本系统是 MFC 基于对话框的程序,所以在程序实例初始化 InitInstance 函数中调用 CoInitialize 初始化 COM。

（2）初始化识别引擎。

首先调用 SpFindBestToken 接口在系统注册表中查找合适的识别引擎。此接口的参数决定识别的语言类别特性——409 表示英文,804 表示中文和音频输入设备,然后调用 CoCreateInstance 初始化 ISpRecognizer 接口实例,最后使用 SetInput 和 SetRecognizer 接口函数将这些特性设置到语音识别引擎接口 ISpRecognizer 中。

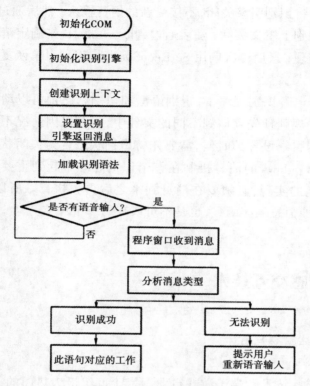

图 4-1　语音识别流程图

（3）创建识别上下文。

识别上下文（RecoContext）就是语音识别的相关环境。一个语音识别引擎可以对应多个识别上下文,每个 RecoContext 规定了识别的语法规则、返回系统窗口的消息等。

（4）设置识别引擎返回消息。

消息就是当识别引擎检测到某种情况或完成某项任务后向主程序通知的事件,由此程序会对不同的事件作出不同的后继处理。

（5）加载识别语法。

所谓语法规则就是事先设定好的语音识别的内容。语法规则用 XML 语言形式存储到文件中,然后通过 Speech SDK 带有的编译器编译成 .efg 文件,在程序运行时动态加入。

（6）处理消息。

在自定义消息的响应函数中，首先调用 SetRecoState，在处理语音识别结果时将识别引擎关闭，不接受新的语音输入；然后通过 CSpEvent 与当前的识别上下文关联；随后通过判断 event ID 来确定消息的类型，做相应的处理；最后再次调用 SetRecoState，将识别引擎恢复正常，继续接受语音输入。

在整个语音识别程序中，识别语法和识别状态都可以动态地改变。只要将语法规则预先存储到不同的文件中，就可以因情况不同而更换。在改变识别引擎设置的时候，需要先将识别状态置为关闭状态。此外，可以看出 Windows 的消息机制在整个识别处理中起到重要的作用，所有识别功能的实现，必须要在消息到来之后再去执行。所以自定义消息，手动添加消息响应函数，也是不可或缺的一个环节。

4.2 体感交互技术

4.2.1 体感交互概述

体感交互技术发端于游戏行业，是 21 世纪最为热门的人机交互方式之一，近年来得到了迅猛的发展。作为自然人机交互模式（Natural Human Computer Interaction）中的一项关键技术，它引领了人机交互的第三次革命。体感交互技术使用户能够通过其肢体动作与周围的数字设备直接互动，随心所欲地控制周围的环境。此种交互方式的核心在于它让计算机有了更精确和有效的"眼睛"去观察这个世界，并根据人的动作来完成各种指令。例如，用户站在一台电视前方，体感设备可以检测用户手的动作。当手分别向上、向下、向左及向右挥动时，可以控制电视节目播放的快进、倒转、暂停以及终止等功能；或者将手的动作直接对应于电脑游戏角色的动作，便可让游戏玩家得到身临其境的游戏体验。

4.2.1.1 体感交互的特点

体感交互的主要关键技术包括：运动追踪、手势识别、运动捕捉、面部表情识别等。体感交互具有以下几个特点：

（1）双向性。

用户身体的运动和感觉通道通常具有双向性，能够做出交互动作以表达交互意图，同时也可以感知系统响应、接收信息反馈。

（2）自然性和非精确性。

体感交互技术允许用户使用非精确的交互动作。人体动作具有较高的模糊性，体感交互的这一特点降低了用户的操作负担，大大提高了交互的有效性和自然性。

（3）便捷性。

体感交互中的交互方式简单易用，用户不会因为交互界面的使用过于复杂而分散注意力，而可以将全部精力集中在交互任务的完成过程上。

此外，体感交互设备还具备一些优点：

①占地空间小。体感交互设备的体积很小，只需要很小的空间。

②交互自然。用户不需要与设备直接接触，具有更高的自由度。

③降低用户的认知负荷，提高用户的参与度和情感体验。

4.2.1.2 体感交互技术存在的问题

体感交互技术当前存在的问题主要包括：

（1）肢体姿势设计的人因学问题。

在姿势设计过程中，要使用户快速建立姿势—功能连接，并尽可能降低用户的记忆负荷，需要人因工程方面研究的支持。例如，由于人的短时记忆容量有限，所以在用户学习体感交互动作姿势时，要控制不同姿势的学习数量。此外，用户对物理规律的感知经验、已有人机界面模式的使用经验、社会文化习俗、反馈方式均会影响个体用户的动作使用与学习。例如，同一个手势在不同文化背景下的含义不尽相同，如"OK"手势在美国表示赞同，但在日本也可能表示金钱。

（2）体感交互的反馈问题。

对用户提供必要的反馈，告知其肢体输入是否正确至关重要。目前体感交互的信息反馈主要来自视觉和听觉通道。然而,这两类信息反馈如何提供,以何种形式提供,使用户具有较高的任务完成绩效与较好的主观体验,均有待进一步研究。此外,用户在日常生活中会接收多种通道的信息反馈,这些信息对用户精确感知环境具有重要作用。因此,多模态信息的反馈研究也需要重点关注。

(3)用户体验问题。

体感交互涉及个体的肢体动作,其背后的心理机制、消耗的认知资源不同于以往的视觉、听觉交互方式。例如,有研究表明,肢体动作具有独立于一般视觉刺激的工作记忆存储空间,与用户个体的镜像神经元系统紧密相关。如何结合已有的心理学、神经学研究,提出基于肢体运动的交互设计指导原则是一个亟须解决的问题。

(4)用户界面设计问题。

目前,以 Kinect 为代表的体感交互设备采用专为触摸交互设计的图形用户界面。尽管该界面目前已得到广泛应用、获得众多用户认可,但当该界面与 Kinect 结合时是否存在区别于手指在触摸屏上交互的设计要素,以及用户的行为模式是否与图形用户界面下的模式相同,则有待进一步明确。

4.2.1.3 体感交互技术的应用领域

体感交互技术发端于游戏行业,但随着技术的高速发展,其应用的范围已经越来越广,目前主要的应用领域包括:

(1)游戏娱乐业领域。

使玩家摆脱手柄、鼠标、键盘的束缚,对游戏环境做出更加快速、自然的反应,在游戏中获得更大的乐趣,并锻炼玩家的身体。

(2)教育领域。

通过与虚拟现实相结合,创建更加生动的课堂教学环境,帮助学生更好地学习知识。

(3)智能家居领域。

利用手势、语音等方式代替传统的遥控器,控制电视机、空调等智能家电。

(4)医疗辅助与康复领域。

Kinect 的动作捕提和三维景深识别技术为识别复杂的手语带来了

可能,利用该技术可以设计便携的体感设备,配合语音功能为聋哑人配音或传达手语。

4.2.2 手势交互

手势是一种自然且符合人类行为习惯的交互技术,它以直观、方便、自然的特点受到了极大关注,是体感交互技术的理想选择。手势能表达的含义非常丰富,从手的结构角度来看,手指和手掌可以表达胜利的手势,也可以表示各种数字;从手的移动角度来看,可以表示"向左""向右"等含义。这些信息所表达的不同含义都可以用来作为控制信息输入计算机。

根据手势信息的输入方式不同,手势识别系统主要可以分为两类:基于数据手套的手势识别系统和基于计算机视觉的手势识别系统。

4.2.2.1 基于数据手套的手势识别

最初的手势识别研究中,受到摄像头和图像处理技术的限制,用户需要戴上数据手套,利用数据手套获取手势在空间的运动轨迹和时序信息。进一步,可以将手套的指尖部分加上特殊标记,这种改进的方法能够有效识别多种不同的手势。基于数据手套的手势识别技术的优点在于手势建模的难度低,手势信息有效性高,手势识别率高。但从用户角度来看,交互过程中需要佩戴昂贵且笨重的手套,限制了手势的自由性,降低了自然的交互体验。

4.2.2.2 基于计算机视觉的手势识别

随着图像处理技术的发展,基于计算机视觉的手势识别技术逐渐成熟。通过摄像头采集手势图像信息并传输给计算机,系统对视频进行分析和处理,提取手的形状、位置和运动轨迹,然后选择手势进行分析,根据模型参数对手势进行分类并生成手势描述,进而驱动具体的交互应用。与传统的手势交互系统相比,基于计算机视觉的手势交互系统输入设备成本较低,对用户的限制少,使用户可以自然地与计算机进行交互,是手势交互未来发展的趋势。

如图4-2所示,基于计算机视觉的手势识别技术,主要包括以下几个方面。

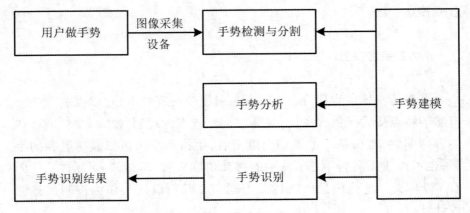

图4-2 基于计算机视觉的手势识别流程

（1）手势输入及手势图像预处理。

通过摄像头采集手势图像信息并传输给计算机。为了防止图像在生成、传输和变换过程中受到干扰而发生畸变，需要先对图像进行预处理，去除手势图像中的噪声，过滤掉不需要的部分，同时保留并强化图像中有用的信息。

（2）手势分割。

手势分割就是将手势从图像视频中划分出来，仅保留手势部分。手势分割的好坏直接影响下一步的特征提取和最后手势识别的结果。主要的方法有肤色模型法和轮廓跟踪法等。

（3）特征提取。

手势图像经过分割后得到手势的边缘和所在区域，从而能够获得手势的形状，进而可以进行手势特征的提取。手势特征提取与手势分割密不可分，在基于计算机视觉的手势识别系统中，两者可以同时进行。用来描述手势形状特征的属性包括手的长短、面积、距离、凹凸等，它们反映了手的骨架和所在区域。

（4）手势识别。

手势分为静态手势和动态手势。静态手势通过手在静止状态时的形状表达特征信息，对应于模型参数空间里的一个点，而动态手势则通过手的运动表达相应的信息，对应于模型参数空间里的一条轨迹。动态手势的识别不但涉及时间和空间相关信息，由于用户在做手势时的速度不同、熟练程度不同,还涉及手势定位问题,识别方法主要包括神经网络法、隐马尔可夫模型法、动态时间规整法等,如表 4-1 所示。

表 4-1 不同手势识别方法的对比

识别方法	代表算法	优点	缺点	应用情况
模板匹配法	传统的模板匹配	计算简单、速度快、不受外界环境影响、应用广泛	准确率不高,可识别手势少	适用静态手势识别
人工神经网络法	BP 神经网络	变化丰富、可满足不同应用的需求,有较好的鲁棒性	训练过程长、不适合实时识别	静态和动态手势识别均适用,静态识别效果更好
隐马尔科夫模型法	隐马尔科夫模型	提高了时间尺度的不变性,识别性能好,识别率高	初始化复杂,计算量巨大,实时性差	适用于动态手势识别

在基于计算机视觉的手势识别方法中,手势模型是至关重要的。目前手势建模的方法大致分为两类:基于表观的手势建模和基于三维模型的手势建模,如图 4-3 所示。

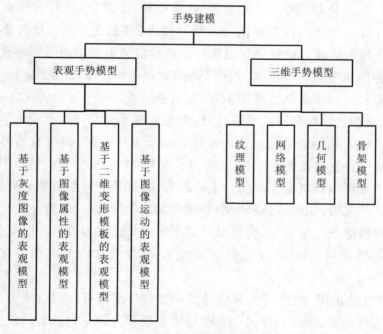

图 4-3 手势建模的分类

（1）基于表观的手势建模。

利用手势图像序列里的表观特征为手势建模。常见的模型策略有灰度图、图像特征属性、可变形模板以及运动参数模型。

（2）基于三维模型的手势建模。

可分为纹理模型、网络模型、几何模型以及骨架模型。

4.3　脑机交互技术

4.3.1 脑机交互概述

脑机交互（Brain Computer Interaction，BCI），也称脑机接口（Brain Computer Interface，BCI），是一种能够让人脑与外部环境直接进行交互的系统。

脑机交互也是当前人机交互研究领域的热点之一，涉及脑科学、医学、数学、计算机科学、信号处理、自动控制、传感器等，具有高度的学科交叉性。作为一门新兴的交叉学科技术，脑机交互技术的许多应用都处于探索阶段。脑机交互最初的研究动机是为运动性障碍的残疾人提供辅助康复技术。肌萎缩性脊髓侧索硬化症（Amyotrophic Laternal Sclerosis，ALS）和脊髓损伤患者，通常会退化到所谓的闭锁（Locked-in）状态而丧失与外界的联系，脑机交互就成为他们与外界交流的可能途径。随着我国老龄化社会的来临，中风、老年痴呆、帕金森病等疾病的发病率和发病人数也在上升，带来了巨大的社会问题和经济负担。而脑机交互可以提高病人的独立生活能力，康复其神经系统部分功能，减轻病人的痛苦，同时也减轻社会和家庭的负担。此外，随着计算机技术和生物传感技术的发展，脑机交互的应用前景已大为改善，其不仅可以用于助残领域，也可用于包括游戏娱乐、军事等在内的其他潜在应用领域。

BCI的出现，使得用人脑信号直接控制外部设备的想法成为可能。要想实现脑机交互，必须有一种能够可靠反映人脑不同状态的信号，并且这种信号能够实时（或短时）被提取和分类。目前可用于BCI的人脑信号的观测方法和工具有：脑电图（Electroencephalogram，EEG）、脑磁图（Magnetoencephalogram，MEG）和功能核磁共振图像（functional Magnetic Resonance Imaging，fMRI）等。由于 EEG 脑电的采集相对容易、时空分辨率较高，已经成为 BCI 研究领域最常用的信号之一。

4.3.2 脑机交互应用

BCI 领域研究的最初目的是帮助瘫痪和残疾者。所以，迄今为止，BCI 的一些主要应用都集中于医学领域。另一方面，近年来 BCI 技术在非医学领域的应用也呈稳定上升的趋势，例如游戏和娱乐应用中的新型用户界面，以及海量图片分类与测谎等实际应用，但大多数仍然处于研究的初期阶段。下面对主要的 BCI 应用领域进行介绍。

4.3.2.1 脑控轮椅

轮椅是重要的助残设备，有着运动障碍的患者需要依赖电动轮椅，然而部分重度残疾患者不能有效控制传统接口（控制杆）的轮椅。利用脑机交互技术，开发脑控轮椅将有助于提高严重运动障碍的残疾人的生活质量和自理能力。目前，脑控轮椅根据其控制方式可分为两大类：一类是通过脑电信号直接控制轮椅；另一类是通过脑机接口和自动驾驶系统协同控制轮椅。

脑控轮椅的研究起始于 2005 年，Tanaka 提出了基于运动想象的脑控轮椅，通过 3 种不同的脑电信号模式分别直接控制轮椅的前进、左转和右转。类似研究直接通过脑电信号控制轮椅的还有 Millan 课题组、A.Cichocki 课题组等，他们都是用运动想象控制轮椅的运动方向。阿根廷圣胡安国立大学的 Pablo F.Diez 等开发了基于 SSVEP 的脑控轮椅，通过检测 4 种不同闪光频率对用户脑电信号引起的变化，控制轮椅的前进、左转、右转和停止。华南理工大学 BCI 小组开发了一个多模态脑控轮椅，结合运动想象中的 mu/beta 节律和 P300 电位实现方向和速度的控制，包括轮椅的左转、右转、启动、停止、加速、减速等，并结合 SSVEP 和 P300 电位实现了轮椅的停止和启动。

近年来，部分学者开始研究通过脑机接口和自动驾驶系统协同控制轮椅。这类脑控轮椅加入了自动导航系统，使轮椅的安全性得到了保障。同时,用户不需要长时间直接通过脑机接口控制轮椅,这样会一定程度地减轻用户的心理负荷和疲劳程度。Guan 等开发的脑控轮椅,通过 P300 选择目的地,一旦选择了目的地,轮椅就会根据自动导航行驶到目的地。Iturrate 等将基于 P300 的脑机接口和自主导航系统结合在一起,行驶路径和目的地根据当前环境自动产生,并通过脑机接口驱动轮椅到达目的地,同时使用激光扫描仪检测环境中的障碍物以避免产生碰撞,使得用户在未知的和不断变化的环境下更安全地控制轮椅。

4.3.2.2 运动恢复

BCI 研究的另一个主要动机是为截肢和瘫痪的人们开发能够用神经信号进行控制的假肢设备。恢复瘫痪患者运动能力的早期研究工作在 Pfurtscheller 等人所著的文章中有相关描述。因脊髓损伤造成瘫痪的受试者通过学习,调节感觉运动的节奏,控制手臂和手部肌肉的功能性电刺激来完成简单任务,如握住一个玻璃杯。Daly 和 Wolpaw 提出了通过脑机接口恢复瘫痪患者运动能力的策略:通过训练患者产生更多"正常"运动的脑电信号,以及训练患者控制完成移动的设备。Birbaumer 和 Cohen 提出了一种基于脑磁图(MEG)的脑机交互系统,受试者通过想象手部的运动来调制脑电信号中感觉运动节律(Sensorimotor Rhythms, SMR),是一种在肌肉处于放松状态时产生的有节律的脑电的幅度,从而实现其手部张开或闭合的响应,实验结果表明五位瘫痪和中风患者中的四人能够根据自己的意愿,使用基于 MEG 的脑机接口张开和闭合手部。Moore Jackson 等人重点研究了脑机交互在康复机器人方面的应用,即 KINARM 系列产品(加拿大 BKIN 技术有限公司),在该系统中,受试者可通过想象伸手拿取目标的方式来控制机器人。针对上肢偏瘫的中风病人,新加坡 Infocomm 研究中心使用运动想象脑机接口与机器人的反馈进行神经功能康复治疗。清华大学的 BCI 小组开发了一个结合运动想象脑机接口和功能性电刺激(Functional Electrical Stimulation, FES)的上肢康复训练系统。

4.3.2.3 认知恢复

BCI 可用于治疗认知神经障碍。例如,一些团队正在研究预测癫痫和检测癫痫发作的方法。如果成功的话,这些方法能结合到 BCI 中,通过监控大脑来检测癫痫的发作,一旦检测到癫痫病发作的潜在可能时,在它扩散到大脑其他部位之前,通过适当的药物和刺激交感神经来阻止癫痫的发作。

脑机交互技术还可应用在注意力缺失症的治疗上。针对小儿多动症患者,Pires 等人开发了一套基于 SSVEP 脑机接口的 3D 游戏训练系统。在游戏中,要求孩子集中精力注视屏幕上的卡通人物运动,如果他们不集中精力,卡通人物将变得模糊。此外,脑机接口还可用于抑郁症、帕金森等疾病的治疗。

4.3.2.4 拼写输入

研究基于 EEG 的非侵入式 BCI 的主要动机是使患了诸如 ALS 的病人恢复交流的能力。

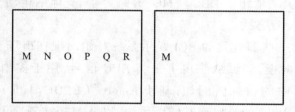

(a) 字符以行和列为单位按随机次序进行闪烁 （b）以单个字符形式按随机次序进行闪烁

图 4-4　基于 P300 的字符拼写系统示例

1988 年,脑机交互第一次被成功应用于交流沟通,美国 Illinois 大学的 Farwell 和 Donchin 首次利用 P300 设计了一种字符输入系统,提供视觉刺激的 6×6 字符矩阵,包括字母、数字和空格,如图 4-4（a）所示。该矩阵按照行与列的方式随机闪烁,即同时加亮某一行或者某一列的字符,因此称为行列（Row-Column, RC）刺激范式。在进行 P300 检测时,激发了 P300 的行和列交叉点处的字符即为目标字符;此外也可以只激活单个字符,如图 4-4（b）所示。后来,很多 BCI 系统都采用这种范式,并成功应用到严重运动障碍的患者上。其中一个著名的案例是美国 Wadsworth 研究中心为一名几乎完全丧失了运动能力的 ALS 瘫痪病人开发了一个基于 P300 的字符输入系统,使其可以通过 BCI 写电子邮件,与外界交流。

4.3.2.5 游戏和娱乐

很多传统的 BCI 范式(如光标控制)都可应用于游戏领域。对于医学上的应用,如菜单选择或基于神经反馈的康复,使用一个类似游戏的交互模式能够帮助维持病人的使用兴趣。虽然这些应用起初不是以娱乐为目的,但是为健康用户开发游戏是目前 BCI 应用领域发展最快的方向之一,其主要原因包括:一方面,目前电子游戏存在巨大的市场,使 BCI 在医学上的应用相形见绌;另一方面,与诸如 BCI 控制轮椅这些应用不同,BCI 在游戏中的缺陷虽然可能令玩家烦恼,但是通常不会对玩家或是附近的人造成伤害,这减轻了产品所承担的责任;此外,BCI能够作为游戏中的一个控制接口,易于与其他传统接口结合,比如控制杆、手柄、手势识别系统等。因此,不像 BCI 在医学上的应用,游戏领域的 BCI 可以灵活依赖于 EEG、EMG,并结合手、身体的运动,实现新颖的多通道人机交互方式。

近年来,一些商业化的 BCI 娱乐系统开始出现在市场上,这些系统使用少量干电极,尝试从头皮上采集 EEG 信号,用于控制计算机屏幕或实际场景中的目标。例如,基于 Emotiv(EPOC 耳机)和 Neurosky(MindWave 耳机)的脑机交互应用系统,以及 Mattel 制造出的脑控耳机MindFlex 系统等。这些系统比在科学研究和医学临床上使用的传统湿电极 EEG 系统更加便宜,并且更容易穿戴和操作。然而,这些系统也存在一个明显的缺陷,即 EEG 信号中存在大量噪声数据,数据精度无法得到有效的保证。例如,有些时候 EEG 信号中混有面部和颈部肌肉活动造成的 EMG 信号、眼电信号、皮肤阻抗变化信号,甚至包括工频噪声。

尽管如此,在游戏与娱乐等领域,仍然可以应用这些系统开发一些简便的交互应用。有研究团队研发了一套基于 MindWave 和 Arduino的脑控小车,MindWave 实时获取和分析出脑电信号中的注意力数值,当注意力集中时,小车加速行驶;注意力分散时,小车减速行驶。

4.3.2.6 测谎

BCI 的一个应用是测谎和判断某人是否了解犯罪情况,这在刑事、司法界引起了人们的极大兴趣。主测人员在充分了解实际案情的基础上设计问题,然后向被测者提问,从而使其形成心理刺激;同时采用高精密的仪器记录被测者的有关生理反应,并对采集到的数据进行峰值或图谱分析,通过了解被测者对所提问题的回答来评判其与犯罪活动之间的关系。

4.3.2.7 警觉性检测

BCI 的一个潜在应用是监测人们在执行关键但可能单调的任务时的警觉性,比如驾驶检测。每年许多灾难性交通事故都是由于驾驶者疲劳、困乏,甚至睡着导致的。如果能够通过检测脑电信号来检测从人们警觉清醒状态到缺乏警觉性状态的转变,就可以避免这种交通事故。尽管困倦和睡眠状态可以通过检测眨眼和闭眼来判断,但是当检测到闭眼时已经太迟,来不及阻止事故的发生。疲劳检测的研究在很大程度上就是要分析出哪些因素与人的疲劳程度有关,从而根据这些相关因素来判断人的疲劳状态。判断疲劳程度最常用的方法就是判断人集中精力执行一项操作任务时所表现出的灵敏程度,也称警觉度(Vigilance)。

随着脑科学的发展、信号处理技术的进步以及对 EEG 的深入研究,人们发现脑电信号与警觉度密切相关,EEG 信号相对于其他信号而言,能更直接地反映大脑本身的活动,并且有更高的时间分辨率。因此,目前基于脑电信号的警觉度研究已经成为一个主流方向。2007 年,新西兰坎特伯雷大学生物工程系利用递归神经网络,尝试在数秒内快速完成实时的警觉度检测。这些研究结果表明,通过跟踪特定频带 EEG 能量的变化,可以实现用于警觉性监控的非侵入式 BCI 应用系统。然而大多数研究还都是在实验室条件下展开,因此这些技术预测警觉性水平的能力是否能有效运用到实际环境中,例如卡车司机所处的工作环境,还有待进一步验证。

4.4 人机交互系统的设计与评估

4.4.1 人机交互系统的设计

人机交互正朝着自然和谐的人机交互技术和用户界面的方向发展,

这也是设计交互式系统的核心所在：将用户放在第一位，坚持以用户为中心。程序设计人员在长期的软件研究与开发过程中，积累了大量的人机交互经验。这些经验的结晶就构成了人机交互系统的基本设计原则。

（1）用户控制原则。

在人机交互软件设计中，应该让用户时刻感到是自己在控制计算机，而不是被计算机控制。

（2）直观性原则。

实现拟人的交互方式，按人类容易理解的形式表示处理结果；采用生动形象的方法来缩短用户与计算机系统之间的距离，直接以声音和图形来提示操作步骤，使用户一听就懂、一看就会。

（3）可视性原则。

可视化设计是软件界面设计中一项非常重要的方面。大量采用可视化（Visual）技术和隐喻、比拟的手法可以减少用户使用计算机的困难。

（4）及时响应原则。

能对用户的操作尽可能敏感地作出反应。

自然和谐的人与情感机器人交互是在视觉、听觉、触觉、味觉和嗅觉这五种感官通道上进行的交互过程。因此，在设计完整的人机交互系统软件时，除了依据以上所述的原则外，还要考虑多通道的交互及其相互融合。多感官输入能改进我们与现实世界的交互，利用多感官通道的交互系统将提供更加丰富的交互体验。

4.4.2 人机交互系统的评估

既然人机交互系统的设计是以人为中心，那么它的评估也应是人对其可用性、功能性和可接受性的测试。评估有三个主要目标：评估系统功能的范围和可达性、评估交互中用户的经验和确定系统的任何特定问题。系统功能性是重要的，必须与用户的需求一致，换句话说，系统设计要使用户更容易地执行他们期望的任务，这不仅包括使系统具有合适的功能，也包括用户能够清楚地得到需要执行任务的一系列行为，还包括将系统的应用匹配到用户对任务的期望中。

除了依照系统的功能评估系统设计外，评估用户的交互体验和系统对用户的影响也是很重要的。例如,对我们设计的面向数字家庭的虚拟管家软件平台的评估,很重要的一个方面就是数字家庭中家庭成员的体验评价,这也就涉及一个更深层次的问题,那就是如何在数字家庭中建立一个良好的人机交互模型。当然还有用户界面方面的评估等。

　　总之,我们在研究人与情感机器人交互时,需要坚持以人为中心,然后进行多方面的考虑。

第5章

计算机视觉

在人工智能中，语音识别模拟了人类"听"的能力，自然语言处理模拟了人类"说"的能力，而计算机视觉则是模拟了人类"看"的能力。据统计，人类获取外界信息约80%以上是通过"看"所获得的。由此可见计算机视觉的重要性。

既然计算机视觉模拟人类"看"的能力，这种能力包括了对外界图像、视频的获取、处理、分析、理解和应用等多种一系列能力的综合。其中包含多种学科技术，如视觉结构理论、图像处理技术、人工智能技术以及与领域相结合的多种应用学科技术，如图像、视频的获取、处理属于图像处理技术；图像、视频的分析、理解属于人工智能技术；而图像、视频的应用则属于与领域相结合的多种应用学科技术等。所有这些技术都是以人工智能技术为核心与其他一些学科有机组合而成的。除此之外，计算机视觉还包括基于脑科学、认知科学以及心理学等基础性的支撑学科。

5.1 计算机视觉概述

计算机视觉（computer vision）是模拟识别人工智能、心理物理学、图像处理、计算机科学及神经生物学等多领域的综合学科。计算机视觉是利用图像传感器获取物体的图像，将图像转换成数字图像，并利用计算机模拟人的判别准则去理解和识别图像，达到分析图像和做出结论的目的。

目前，计算机视觉与自然语言处理及语音识别并列为机器学习方向的三大热点方向。而计算机视觉也由传统的手工特征工程（直方图以及尺度不变特征变换等）与浅层模型的组合逐渐转向了以卷积神经网络为代表的深度学习模型。传统的计算机视觉问题解决方案流程包括：图像预处理、特征提取、特征筛选、建立模型（分类器／回归器）、输出，如图 5-1 所示。而深度学习模型中，图像大多问题都会采用端到端的解决思路，即从输入直接到输出。

图像

图 5-1 传统的计算机视觉问题解决方案流程

图像处理是指利用计算机对图像进行去除噪声、增强、复原、分割、特征提取、识别等处理的理论、方法和技术。图像分析是对图像中感兴趣的目标进行检测和测量，以获得它们的客观信息，从而建立对图像的描述。图像处理是对输入的图像做某种变换，输出仍然是图像，基本不涉及或者很少涉及图像内容的分析。比较典型的有图像变换、图像增强、图像去噪、图像压缩、图像恢复、二值图像处理等，基于阈值的图像分割也属于图像处理的范畴。图像分析是对图像的内容进行分析，提取有意义的特征，以便后续的处理。计算机视觉是对图像分析得到的特征进行分析,提取场景的语义表示,让计算机具有人眼和人脑的能力。

关于图像处理、图像分析和计算机视觉的划分并没有一个统一的标准。通常图像处理内容会介绍图像分析和计算机视觉的知识。而计算机视觉的内容基本上都会包括图像处理和图像分析,只是介绍得不会太详细。图像处理、图像分析和计算机视觉都可以纳入计算机视觉的范畴:图像处理对应于低层视觉,图像分析对应于中间层视觉,计算机视觉对应于高层视觉。

5.1.1 计算机视觉的发展

要是评选人类身上最精巧的器官,那么眼睛一定会在候选名单之中。即使现在的相机也能达到 1000 万 ~2000 万像素的水平,但我们的眼睛能够达到几亿像素甚至更高的水平,远远超过现在所有的相机。眼睛作为一种重要的视觉器官,能够给我们的生活带来非常美好的体验。坐在海边一座安静的小屋门口,悠闲地看潮涨潮落,靠的是视觉;在科研机构的实验室中,科学家们通过显微镜观察细胞的各种结构,靠的也是视觉;在商业谈判中,我们通过观察对方代表的面部表情来判断对方的心理,从而让我方获取更大的利润,靠的仍是视觉。

对于我们人类来说视觉是一种非常重要的感官,那么计算机是否也具有视觉呢?答案是肯定的。计算机视觉在 20 世纪的下半叶就已经被提出。我们人类最重要的视觉器官是眼睛,而计算机的视觉器官主要是摄像头,当然有时候也可以是直接传入计算机中的图像信号。最初,对于计算机视觉的研究主要集中于对二维图像的分析上。这方面的研究主要包括图像处理和模式识别。图像处理主要是通过图像增强、图像恢复使得图像更加清晰,从而方便人们进一步观察和分析。例如 20 世纪 50 年代末,卫星航拍的图像往往不够清晰,这时候人们通过计算机的图像增强功能来获取更加清晰的图像,从而为专家分析提供便利。而模式识别主要是指识别出图像中某些特定的内容,例如找出图片中的一只猫,或在一张充满汉字的图片上找到某个特定的汉字。模式识别在 20 世纪 60 年代初也被广泛地研究,例如当时就已经具有了能够识别图片中的英文字符的识别程序,虽然识别效果和现代的技术不可同日而语,但还是能够减少一部分人工的工作量(人们不再需要将字符一个个手动输入计算机)。尽管当时计算机视觉在二维的图像增强和模式识别这两个领域已有广泛应用,但人们并不满足于此。我们人类看到的世界是一个三维的世界,因此人们希望计算机也能够看见一个三维的世界。1965年罗伯特的研究是计算机视觉研究从二维转向三维的标志。通过一遍遍地让计算机观察圆锥、圆球、立方体等模型的照片,以及一遍遍地调试程序,罗伯特成功地让计算机识别出了二维图像中的三维结构和空间布局。这使得从二维图像中提取三维信息成为了可能。从此,计算机视觉得到了突飞猛进的发展。

到了今天,计算机视觉在众多领域都得到了广泛的应用。

在图像增强方面:图像增强已被广泛应用于医疗、航空航天以及交通监控等方面。例如,以往 X 光检测中由于一些脏器的特殊结构而使得这些器官在 X 光片中清晰度不够,从而会给诊断带来极大的不便。但将图像增强技术应用于这一领域就可以很好地解决这一问题,使得医生对病人病情诊断更加准确。在航空航天以及工业领域中,图像增强可以有效地去除图像中的干扰,获取更为清晰的图像以供分析,在图像增强和更先进的光学镜头的帮助下,人们在一些军用卫星拍摄的照片中,甚至能清晰地分辨出地面上几厘米长度的线段。在交通监控领域,图像增强技术也带来了巨大的便利。在晴朗的天气中,交通摄像头固然能够良好运作,而在雨天、雾天或是夜晚,摄像头取得的图像会受到干扰,此时,图像增强就可以在一定程度上去除这些干扰,更好地监控路面信息以维护我们的安全。

而在模式识别方面,计算机视觉的发展就更令人惊叹。现在我们拿起手机拍照时,手机不仅能够快速且准确地在图片中识别出人脸的位置,并且能够识别出人脸的表情,在微笑时自动拍照(微笑快门)。此外,相信女生们对于手机拍照中的美颜功能并不陌生,在自拍之后要用美颜把自己 P 得美美的。而现在的手机能够准确识别出五官的位置,在拍照时就有针对性地对眼睛、鼻子、皮肤进行相应的美颜,从而省去了人们在拍照之后还要花时间去处理的烦恼。2015 年,微软推出了一个网站,这个网站一经推出就刷爆了朋友圈和微博。这个网站可以对人们上传的图片中的人脸进行识别,并根据相应算法预测出其年龄,虽然有时候结果不够准确,但完全不影响人们乐此不疲地上传照片。在我们去乘坐地铁、火车或飞机时,我们的行李从安检仪中快速滑过时,计算机就能根据 X 光图像将行李箱中的物品进行识别,并通过不同的颜色清晰地呈现在安检员的面前。

5.1.2 计算机视觉的关键技术

计算机处理数字图像时,需要考虑图像的大小、深度、通道数、颜色格式等相关数据。

①高度和宽度:假如一张照片的分辨率为 1920×1080 (单位为 dpi,全称为 dot per inch),1920 就是照片的宽度,1080 则是图片的高度。

②深度:存储每个像素所用的位数,比如正常 RGB 的深度就是 $2^8×3=256×3=768$,那么此类图片中的深度为 768,每个像素点都能够代表 768 种颜色。

③通道数:RGB 图片就是有三通道,RGBA 类图片就是有四通道。

④颜色格式:是将某种颜色表现为数字形式的模型,或者说是一种记录图像颜色的方式。比较常见的有:RGB 模式、RGBA 模式、CMYK 模式、位图模式、灰度模式、索引颜色模式、双色调模式和多通道模式。

原始视频可以认为是图片序列,视频中的每张有序图片被称为帧。压缩后的视频,会采取各种算法减少数据的容量。

①码率:数据传输时单位时间传送的数据位数,通俗一点的理解就是取样率,单位时间取样率越大,精度就越高,即分辨率越高。

②帧率:每秒传输的帧数(f/s)。

③分辨率:每帧图片的分辨率。

④清晰度:平常看片中,有不同清晰度,实际上就对应着不同的分辨率。

⑤ IPB:I 帧(帧内编码图像帧),不参考其他图像帧,只利用本帧的信息进行编码。P 帧(预测编码图像帧),利用之前的 I 帧或 P 帧,采用运动预测的方式进行帧间预测编码。B 帧(双向预测编码图像帧),提供最高的压缩比,它既需要之前的图像帧(I 帧或 P 帧),也需要后来的图像帧(P 帧),采用运动预测的方式进行帧间双向预测编码。在网络视频流中,并不是把每一帧图片全部发送到客户端来展示,而是传输每一帧的差别数据(IPB),客户端然后对其进行解析,最终补充每一帧完整图片。

计算机视觉信息的处理技术主要依赖于图像处理方法,经过处理后输出图像的质量得到相当程度的改善,既改善了图像的视觉效果,又便于计算机对图像进行分析、处理和识别。图像的关键技术包括:图像分割,图像增强,图像平滑,图像编码和传输,边缘锐化,图像识别等。

5.1.2.1 图像分割

图像分割可以分成语义分割、实例分割、全景分割。图像语义分割就是对一张图片上的所有像素点进行分类,就是需要区分到图中每一个像素点,而不仅仅是矩形框框住的像素点。但是同一物体的不同实例不需要单独分割出来。

实例分割其实是目标检测和语义分割的结合。相对目标检测的边界框,实例分割可精确到物体的边缘;相对语义分割,实例分割需要标注出图上同一物体的不同个体。

全景分割是语义分割和实例分割的结合,与实例分割不同的是:实例分割只对图像中的对象进行检测,并对检测到的对象进行分割;而全景分割是对图中的所有物体包括背景都要进行检测和分割。

5.1.2.2 图像特征提取

图像的空间通常称为原始空间,特征称为特征空间,原始空间到特征空间存在某种变换,这种变换就是特征提取。图像特征提取的效果直接取决于后续图像处理,如图像描述、识别、分类的效果。特征提取也是目标跟踪过程中最重要的环节之一,其健壮性直接影响目标跟踪的性能。图像特征提取过程如图 5-2 所示。

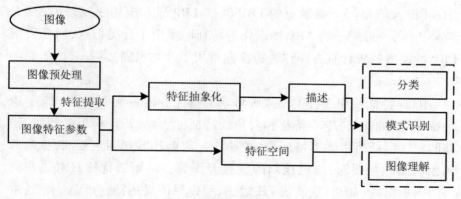

图 5-2　图像特征提取过程

在目标分类识别过程中,根据研究对象产生的一组级别特征用以计算,这是原始的特征。对于特征提取,并不是提取越多的信息,分类效果就越好。通常特征之间存在相互关联和相互独立的部分,这需要抽取和选择有利于实现分类的特征量。图像特征包括颜色特征、纹理特征、形状特征、空间关系特征。

图像特征提取方法。

(1)方向梯度直方图特征。

方向梯度直方图(HOG)特征是一种在计算机视觉和图像处理中用来进行物体检测的特征描述子。

与其他的特征描述方法相比,HOG 有很多优点。首先,由于 HOG 是在图像的局部方格单元上操作,所以它对图像几何的和光学的形变都能保持很好的不变性,这两种形变只会出现在更大的空间领域上。其次,在粗的空域抽样、精细的方向抽样以及较强的局部光学归一化等条件下,只要行人大体上能够保持直立的姿势,可以容许行人有一些细微的肢体动作,这些细微的动作可以被忽略而不影响检测效果。因此,HOG 特征是特别适合于做图像中的人体检测的。

(2)局部二值模式特征。

局部二值模式(local binary pattern, LBP)是一种用来描述图像局部纹理特征的算子,它具有旋转不变性和灰度不变性等显著的优点。LBP 提取的特征是图像的局部的纹理特征。提取的 LBP 算子在每个像素点都可以得到一个 LBP 编码,对一幅图像(记录的是每个像素点的灰度值)提取其原始的 LBP 算子之后,得到的原始 LBP 特征依然是一幅图片(记录的是每个像素点的 LBP 值)。LBP 通常应用于纹理分类、人脸分析等,一般都不将 LBP 图谱作为特征向量用于分类识别,而是采用 LBP 特征谱的统计直方图作为特征向量用于分类识别。

(3)Haar 特征。

Haar 特征使用 3 种类型 4 种形式的特征。Haar 特征分为四类:边缘特征、线性特征、中心特征和对角线特征,组合成特征模板。例如,脸部的一些特征能由矩形特征简单的描述;眼睛比脸颊颜色要深,鼻梁两侧比鼻梁颜色要深,嘴巴比周围颜色要深等。但矩形特征只对一些简单的图形结构(如边缘、线段)较敏感,所以只能描述特定走向(水平、垂直、对角)的结构。通过改变特征模板的大小和位置,可在图像子窗口中穷举出大量的特征。

（4）深度学习的图像特征提取。

深度学习通过多层处理,逐渐将初始的低层特征表示转化为高层特征表示。特征的好坏对泛化性能有至关重要的影响,然而人类专家无法设计出图像的特征;深度学习的特征学习则通过机器学习技术自身来产生好特征(自动数据分析和特征提取)。卷积神经网络解决问题主要有三个思路:局部感受,权值共享和池化。卷积神经网络的卷积层和池化层(子采样)构成特征抽取器。在卷积神经网络的卷积层中,一个神经元只与部分邻层神经元连接。在卷积神经网络的一个卷积层中,通常包含若干个特征平面,每个特征平面由一些矩形排列的人工神经元组成,同一特征平面的神经元共享权值。池化层通常有均值池化和最大值池化两种形式。池化层可以看作一种特殊的卷积过程。卷积和池化简化了模型复杂度,减少了模型的参数。

卷积神经网络与这些特征提取方法有一定类似性,因为每个滤波权重实际上是一个线性的识别模式,与这些特征提取过程的边界和梯度检测类似。同时,池化的作用是统筹一个区域的信息,这与这些特征提取后进行的特征整合(如直方图等)类似。卷积网络开始几层实际上确实是在做边缘和梯度检测。深度学习是一种自学习的特征表达方法,比HOG这些依靠先验知识设计的特征的表达效果高。而且深度神经网络识别率的提高不需要建立在需求大量训练样本的基础上,可以直接使用预训练模型进行训练。

5.1.2.3 图像识别

图像识别是指利用计算机对图像进行处理、分析和理解,以识别各种不同模式的目标和对象的技术。目前用于图像识别的方法主要分为决策理论和结构方法。现阶段图像识别技术一般分为人脸识别与商品识别,人脸识别主要运用在安全检查、身份核验与移动支付中;商品识别主要运用在商品流通过程中,特别是无人货架、智能零售柜等无人零售领域。

图像识别的基本实现方法是从图像中提取图像具有区分性的特征信息,从而区分具有不同性质属性的图像,并将其划分为不同的类别。图像识别过程包括输入图像、图像预处理、目标检测、特征提取、分类识别等步骤,如图 5-3 所示。

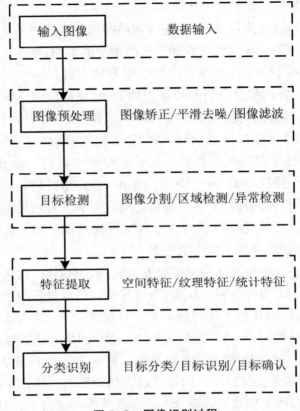

图 5-3　图像识别过程

（1）输入图像。

图像信息可以是二维的图像,如文字图像、人脸图像等;可以是一维的波形,如心电图、声波、脑电图等;也可以是物理量与逻辑值。

（2）图像预处理。

图像预处理的方法主要有图像矫正、平滑去噪、图像滤波等,包括图像灰度规范化、图像几何规范化、图像降噪等处理。

（3）图像目标检测。

对预处理后的图像进行图像分割、感兴趣区域检测、异常检测等,选择图像中目标所在的区域。

（4）图像特征提取。

对检测出来的区域进行特征提取。图像识别通常是以图像的主要特征为基础,不同的目标具有不同的特征表现,因此特征提取是目标识别的关键,特征的选择和描述是识别性能的直接体现。

（5）分类识别。

分类识别是在特征空间中对被识别对象进行分类,包括分类器设计和分类决策。将图像中提取的特征结果输入训练好的分类器中,由分类器给出最终的分类判决结果,完成图像分类任务。

一般图像分类流程和分类器的训练过程如图 5-4 所示,首先在训练数据集中提取特征后设计分类器并进行学习,然后对测试图像进行分类的过程中,用同样的方法提取特征,并通过已经训练好的分类器进行判决,输出最终的判决结果。

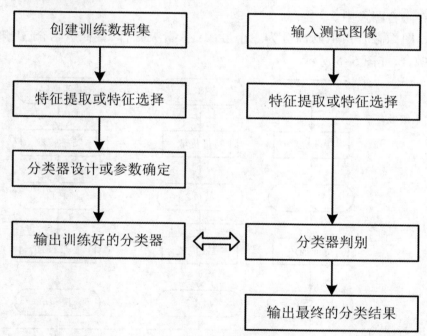

图 5-4　图像分类流程和分类器的训练过程

5.1.2.4 图像融合

图像融合是指将多源信道所采集到的关于同一目标的图像数据经过图像处理和计算机技术,最大限度地提取各自信道中的有利信息,最后综合成高质量的图像,以提高图像信息的利用率、改善计算机解译精度和可靠性、提升原始图像的空间分辨率和光谱分辨率,利于监测。图像融合特点是明显地改善单一传感器的不足,提高结果图像的清晰度及信息包含量,有利于更为准确、可靠、全面地获取目标或场景的信息。图像融合主要应用于军事国防、遥感、医学图像处理、机器人、安全和监控、生物监测等领域。用得较多也较成熟的是红外和可见光的融合,在一幅图像上显示多种信息,突出目标。

图像融合需要遵循三个基本原则:

(1)融合后图像要含有所有源图像的明显突出信息。

(2)融合后图像不能加入任何的人为信息。

(3)对源图像中不感兴趣的信息(如噪声),要尽可能多地抑制其出现在融合图像中。

图像融合由低到高分为三个层次:像素级融合、特征级融合、决策级融合,如图5-5所示。

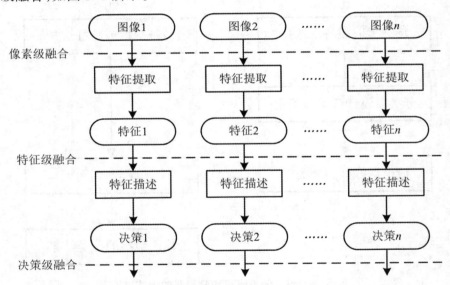

图5-5 图像融合的处理层次

研究和应用最多的是像素级图像融合,目前提出的绝大多数的图像融合算法均属于该层次上的融合,图像融合狭义上指的就是像素级图像融合。

(1)像素级融合。

像素级融合也称数据级融合,是三个层次中最基本的融合,指直接对传感器采集来的数据进行处理而获得融合图像的过程。像素级融合中有空间域算法和变换域算法,空间域算法中又有多种融合规则方法,如逻辑滤波法、灰度加权平均法、对比调制法等;变换域算法中又有金字塔分解融合法、小波变换法。

（2）特征级融合。

特征级融合是对图像进行特征抽取,将边缘、形状、轮廓、局部特征等信息进行综合处理的过程。特征级融合包括目标状态特征融合和目标特性融合。特征级融合包含的模块有:源图像的获取,图像的预处理,图像分割,特征提取,特征数据融合及目标识别。图像的特征是一种代价处理,降低了数据量,保留了大部分信息,仍损失部分细节信息。原始特征的组合形成特征,增加特征维数,提高目标的识别准确率。特征向量可以直接融合,也可以根据特征本身的属性进行重新组合,边缘、形状、轮廓等都是描述特征的重要参数,其几何变换也具有一定的特征属性。

（3）目标状态特征融合。

目标状态特征融合是一种基于多尺度和多分辨率的目标统计特征,它对图像的原始数据状态的提取被描述,需要经过严格的配准,最后得到的是一幅包含更多图像信息的图像。它是统计图像的状态信息,进行模式匹配的问题。核心思想是实现多传感器目标的精确状态估计,与先验知识的有效关联,应用广泛的是目标跟踪领域。目标特性融合按照特定的语义对图像特征提取特征的内在描述,或特征属性的重新组合,这些特征向量代表抽象的图像信息,直接对特征进行机器学习理论融合识别,增加了特征的维度,提高了目标识别的精确度。目标特性融合是特征向量融合识别,一般处理的都是高维问题。

对融合后的特征进行目标识别的精确度明显高于原始图像的精确度。特征级融合对图像信息进行了压缩,再用计算机分析与处理,所消耗的内存和时间与像素级融合相比都会减少,所需图像的实时性就会有所提高。特征级融合对图像匹配的精确度要求没有像素级融合那么高,计算速度也比像素级融合快。特征级融合通过提取图像特征作为融合信息,因此会丢掉很多的细节性特征。

5.1.3 计算机视觉的任务

计算机视觉主要任务包括物体识别和检测、图像语义分割、视觉跟踪、视觉问答、三维重建、多模态研究、数据生成等。

5.1.3.1 物体识别和检测

物体识别和检测即给定一张输入图片,算法能够自动找出图片中的常见物体,并输出其所属类别及位置。当然也就衍生出了诸如人脸检测、车辆检测等细分类的检测算法,物体检测一直是计算机视觉中非常基础且重要的一个研究方向,大多数新的算法或深度学习网络结构都首先在物体检测中得以应用,如 VGG-Net,GoogleNet,ResNet 等,每年在 ImageNet 数据集上面都不断有新的算法涌现,一次次突破历史,创下新的纪录,而这些新的算法或网络结构很快就会成为这一年的热点,并被改进应用到计算机视觉的其他应用中去。

5.1.3.2 图像语义分割

图像语义分割就是让计算机根据图像的语义来进行分割,语义在语音识别中指的是语音的意思,在图像领域,语义指的是图像的内容,对图片意思的理解。目前语义分割的应用领域主要有地理信息系统、无人车驾驶、医疗影像分析、机器人等。

5.1.3.3 视觉跟踪

视觉跟踪是指对图像序列中的运动目标进行检测、提取、识别和跟踪,获得运动目标的运动参数,如位置、速度、加速度和运动轨迹等,从而进行下一步的处理与分析,实现对运动目标的行为理解,以完成更高一级的检测任务。跟踪算法需要从视频中去寻找到被跟踪物体的位置,并适应各类光照变换、运动模糊以及表观的变化等。但实际上跟踪是一个不适定问题,比如跟踪一辆车,如果从车的尾部开始跟踪,若是车辆在行进过程中表观发生了非常大的变化,如旋转了 180° 变成侧面,那么现有的跟踪算法很大的可能性是跟踪不到的,因为它们的模型大多基于第一帧的学习,虽然在随后的跟踪过程中也会更新,但受限于训练样本过少,所以难以得到一个良好的跟踪模型,在被跟踪物体的表观发生巨大变化时,就难以适应了。所以,就目前而言,跟踪算不上是计算机视觉内特别热门的一个研究方向,很多算法都改进自检测或识别算法。

5.1.3.4 视觉问答

视觉问答是近年来非常热门的一个方向,一般来说,视觉问答系统需要将图片和问题作为输入,结合这两部分信息,产生一条人类语言作为输出。针对一张特定的图片,如果想要机器以自然语言处理来回答关于该图片的某一个特定问题,需要让机器对图片的内容、问题的含义和意图以及相关的常识有一定的理解。就其本性而言,这是一个多学科研究问题。

5.1.3.5 三维重建

基于视觉的三维重建,指的是通过摄像机获取场景物体的数据图像,并对此图像进行分析处理,再结合计算机视觉知识推导出现实环境中物体的三维信息。三维重建技术的重点在于如何获取目标场景或物体的深度信息。在景物深度信息已知的条件下,只需要经过点云数据的配准及融合,即可实现景物的三维重建。基于三维重建模型的深层次应用研究也可以随即展开。学习图像处理的人会接触到更广泛更多元的技术,而三维重建背景会非常专注于细分的算法,因为三维重建本身还有更细分的技术,比如做航拍地形的三维重建,或者是佛像的三维重建,这是因为场景的区别运用到的拍摄技术和重建技术都是不一样的,而且有一些不同技术之间也没有关系(当然三维重建本身的概念是相同的),关于三维重建未来的热点和难度,这个领域可以做得很专,场景也有很多,每个场景都有不同的挑战。

三维重建可以通过一幅或多幅图像来恢复物体或场景的三维信息。由于单幅图像所包含的信息有限,因此通过单幅图像进行三维重建往往需要关于物体或场景的先验知识,以及比较复杂的算法和过程。相比之下,基于多幅图像的三维重建(模仿人类观察世界的方式)就比较容易实现,其主要过程为:首先,对摄像机进行标定,即计算出摄像机的内外参数;其次,利用多个二维图像中的信息重建出物体或场景的三维信息。本章主要介绍三维视觉和动态视觉两种基于多视图的三维重建方法。

5.1.3.6 多模态研究

目前的许多领域还是仅仅停留在单一的模态上,如单一分物体检测、物体识别等,而众所周知的是现实世界就是由多模态数据构成的,如语音、图像、文字等。视觉问答在近年来兴起的趋势可见,未来几年内,多模态的研究方向还是比较有前景的,如语音和图像结合、图像和文字结合、文字和语音结合等。

5.1.3.7 数据生成

现在机器学习领域的许多数据还是由现实世界拍摄的视频及图片经过人工标注后用作训练或测试数据的,标注人员的职业素养和经验,以及多人标注下的规则统一难度在一定程度上也直接影响了模型的最终结果。而利用深度模型自动生成数据已经成为一个新的研究热点方向,如何使用算法来自动生成数据相信在未来一段时间内都是不错的研究热点。

5.2 图像的产生

5.2.1 二维图像的获取

在外部世界中存在动态、静态等多种景物,它们可以通过摄像设备为代表的图像传感器转化成计算机内的数字化图像,这是一个 $n \times m$ 点阵结构,可用矩阵 $A_{n \times m}$ 表示。点阵中的每个点称像素,可用数字表示,它反映图像的灰度。这种图像是一种最基牍的 2D 黑白图像。如果点阵中的每个点用矢量表示,矢量中的分量分别可表示颜色,颜色是由三个分量表示,分别反映红、黄、蓝三色,其分量的值则反映了对应颜色的浓度,这就组成了 3D 彩色的 4D 点阵图像。

外界景物的数字化就是将外界景物转化成计算机内的用数字表示的图像,可称数字化图像,它是由摄像设备为代表的图像传感器所完成的,这种设备可以获取外部图像(而视频则是一组有序的图像序列,它的基础是图像,因此仅介绍图像),它一般可以起到人类"眼睛"的作用。

利用一个传感装置在电磁能光谱范围内对波段的反应,可以获得图像。电磁波的波段可以是 X 射线、紫外线、可见光线或者红外线。数码相机是一个在可见波段范围内可以产生数字化图像的传感装置,数码摄像机是一个在可见波段范围内可以产生动态图像(即每秒超过 24 幅的连续扫描图像)的传感装置。计算机广泛地利用这些传感装置来获取和存储图像,然后再显示、编辑和处理。图像可以是彩色的,不过为了方便,我们主要讨论灰度图像。这类图像可以表示为一种二维光亮度的函数。这种图像由像素组成,它们按行和列排列。每个像素在图像中都有唯一的位置,由行坐标和列坐标来确定。通常把坐标的原点定在图像的左上角。我们不难联想到由像素组成的矩阵。在矩阵内每一个元素对应于图像内像素的位置。在矩阵中每个元素都是一个数字,它指示某位置图像的强度(亮度)——每个元素都是灰度值。亮度灰度值的范围为从 0(代表黑色)到某一个最大值 L(代表白色)。它们之间的值代表灰度的不同级别。像素的亮度由整数表示,每个像素的灰度数量被设计为2 的幂。因此,8 位二进制数能代表 256 个灰度。对某一个给定大小的图像,像素越多,灰度级越多,图像越清晰。清晰的程度称为分辨力。如果图像有 8 行和 8 列像素,每个像素用 8 位二进制数表示(即有 256 个灰度),存储图像所需要的位数是 $8 \times 8 \times 8$(=512)。分辨率越高,要求的存储空间越大。所需的分辨率取决于具体的应用。

除了摄像设备外,目前还有很多相应的图像传感器以实现外界景物的数字化,如热成像相机、高光谱成像仪雷达设备、激光设备、X 射线仪、红外线仪器、磁共振仪器、超声仪器等多种接口设备与仪器,它们不仅具有人类"眼睛"的功能,还具有很多"眼睛"所无法观察到的能力。从这个观点看,计算机视觉的能力可以部分超过人类视觉的能力。

5.2.2 立体成像

对于许多应用来说,深度信息是重要的,恢复它需要两幅或多幅图像。立体成像需要有两幅分别工作的图像,提供的信息可用来恢复三维场景的结构。在图 5-6 中,由两个相机拍摄物体 O 的两幅图像 i 和 i'。我们必须知道相机的参数(如位置和焦距),才可能应用三角测量的几何技术确定物体的距离。实际上,由于对应问题,这个任务并不容易。例如,我们假设已经知道点 i 和点 i' 对应于同一个物体点,决定图像 1 中的哪一个点对应于图像 2 中的某个确定点可以依靠称为表极线的限制来获得帮助。在图 5-7 中,连接 e' 和 i' 的线就是一条表极线(同样,连接 e 和 i 的线也是一条表极线)。对应于图像 1 中的点 i,图像 2 中的点 i' 必须沿着表极线 $e'i'$。点 e' 被称作相机 2 的向极(epipole),在相机 2 中看到的相机 1 的光学中心是虚像。这一约束缩小了对应点的搜索范围。图 5-7 立体成像的对应问题是,图像 2 中的哪个点对应于图像 1 中的给定点?怎样找到点 i' 在图像 1 中的对应点 i。

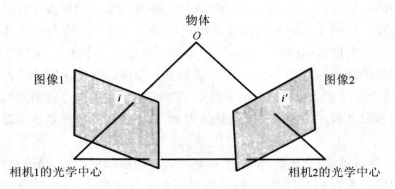

图 5-6　立体成像物体

(画出了一个连接物体和两个相机的光学中心的平面)

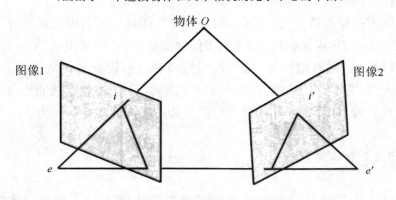

图 5-7　立体成像的对应问题

寻找图像中的对应点仍然需要用某种类型的相似匹配。有很多种技术可以应用,其中一种是产生两个窗口,每个图像一个,包括要寻找图像的周围区域像素的亮度。第一个图像的窗口被固定,第二个图像的窗口逐渐移动并计算与第一个图像窗口的相关性。相关性的值要归一化,使得它在 –1 ~ +1 内变化。相关性最好的点就是对应点,但是如何计算相关性需要相应的算法。

5.3 图像识别

图像理解是计算机视觉的核心内容,主要使用人工智能中的机器学习方法。由于其中涉及的讨论问题很多,在此仅选择讨论图像理解中的图像识别,作为代表。

在图像识别中目前一般使用机器学习中的浅层学习与深层学习两种方法。

5.3.1 图像识别中的浅层学习方法

图像识别中的浅层学习方法是一种传统的方法,它一般采用监督学习的分类方法。在学习过程中需要人工或专家大量参与,在这种学习方法中将复杂问题分解成若干个简单子问题的序列,通过人工/自动相结合的混合方式解决。

同时在学习前需搜集大量的相关的图像数据(带标号的)供识别训练之用。这些图像可统一存储于训练图像库中;同时还需选择一个供测试用的测评图像库。接下来以训练图像库为基础开始学习。

这种学习方法的实施可由以下四个步骤有序组成:

(1)图像预处理。

在进入分析前,为保证其一致性,对所有参与训练的图像目标对齐。即进行统一规范化处理,如位置、大小尺寸、灰度颜色等均归一化处置。这种处理一般由操作人员使用图像处理中的操作手工完成。

(2)图像特征设计和提取。

接下来的工作就是提取描述图像内容的特征。它能全面反映图像的特性,包括图像的低层、中层及高层的特性,如图像的边缘、纹理元素或区域（低层）、图像的部件、边界、表面和体积（中层）以及图像的对象，场景或事件（高层）等。所有这些特征的设计都由专家凭其经验与长期积累的知识人工设计。

（3）图像特征汇集、变换。

对所提取具有向量结构的特征进行统计汇集，并作降维处理，从而可使维度更低，它有利于分类的实现。这种降维可用线性变换实现，也可用非线性变换－核函数实现。这部分工作模型都是由专家设计的。

（4）分类器的实现。

这是图像识别的关键部分。分类器选用浅层学习中的分类算法，常用的是支持向量机、人工神经网络等方法。使用选定的算法经大量图像数据训练学习后即可得到相应的学习模型，称为分类器，接着经过测评集的测试后方可成为一个具有真正实用价值且能分类的分类器。在分类器的实现中，分类算法的选择与相应参数设置是至关重要的，它由经验丰富的专家负责完成。

图 5-8 所示是图像识别浅层学习四个步骤。

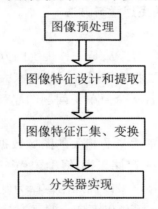

图 5-8　图像识别浅层学习四个步骤

5.3.2 图像识别中的深层学习方法

浅层学习适用于识别相对简单的图像，对复杂与细腻图像的识别效果不佳，因此近年来深度学习方法已逐渐成为主要的方法。使用的算法以卷积神经网络方法为主。

图像识别中的深层学习方法是一种新的方法,它一般采用无监督 / 监督学习相结合的分类方法。在学习过程中仅需少量专家参与,大量是由系统自动完成。

在这种学习方法中也将复杂问题分解成若干个简单子问题的序列,通过少量步骤以解决之。

同时在学习前需搜集大量的相关的图像数据(不带标号 / 带标号)供识别训练之用。这些图像可统一存储于训练图像库中;同时还需选择一个供测试用的测评图像库。接下来以训练图像库为基础开始学习。

这种学习方法的实施由以下两个简单步骤组成。

(1)图像预处理。

深度学习图像预处理与浅层学习图像预处理基本类似,这种处理一般都由操作人员使用图像处理中的操作手工完成。

(2)分类器的设计与实现。

与浅层学习不同,在深度学习中,原有的图像特征设计和提取以及图像特征汇集、变换都是自动的,作为分类器的一部分融入其中。在浅层学习中的三个步骤功能分别由深度学习中卷积神经网络的三个隐藏层——卷积层、池化层、全连接层统一、自动完成。其中仅有少量卷积神经网络中的参数及函数设置由专家设计完成。

图 5-9 所示是图像识别深层学习的两个步骤。

图 5-9　图像识别深层学习的两个步骤

在目前的应用中,浅层学习适用于简单图像的识别,所采用的训练数据必须是大量带标号数据,在实施时需有大量专家型人才的广泛参与;而深层学习则适用于复杂图像的识别,所采用的训练数据可以是部分带标号数据与部分不带标号数据,在实施时专家型人才参与的环节不多。

5.4 三维视觉

人类是通过融合两只眼睛所获取的两幅图像,利用两幅图像之间的差别(视差)来获得深度信息。立体视觉即设计并实现算法来模拟人类获取深度信息的过程。在机器人导航、制图学、制图法、侦察观测、照相测量法等领域有重要的应用。单目成像与双目成像如图5-10所示。

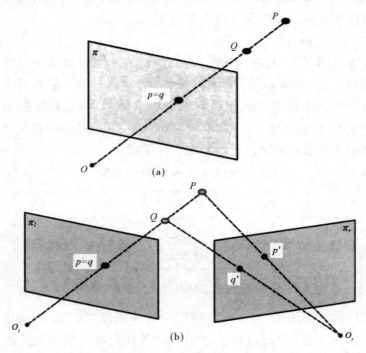

图5-10 单目成像与双目成像

π: 成像平面; O: 光心

如图5-10(a)所示,在只使用一幅图像的情况下,由于空间中点P和点Q在图像平面上所成的像的位置相同,因此对于图像上一点P,无法确认其是空间中点P还是点Q所成的像,即无法确定图像上点P的三维信息,而在使用两幅图像的情况下,如图 5-10(b)所示,空间中点 P 和点 Q 在左右两幅图像上所成的像的位置不同,如果能够在两幅图像上分别找到 P 点所成的像 p 和 p',即找到两幅图像上的对应点,那么就可以通过三角测量的方式,通过计算直线 PO_r 和直线 PO_l 的交点,得到空间点 P 的三维坐标。

立体视觉主要分为三个步骤:一是相机标定,得到相机的内外参数;二是立体匹配,即找到两幅图像上的对应点;三是根据点的对应关系重建出场景点的三维信息。如果对应点能够精确地找到,那么后续重建点的三维坐标就会变得比较容易,但是对应点的匹配一直以来都是一个非常困难的问题,在很多情况下都无法得到准确的匹配结果。本节主要介绍立体匹配的方法。

5.4.1 外极线约束

假设使用两个相机拍摄只有一颗星星的夜空,两幅图像上都只有一个亮点,此时很容易找到对应点,即两幅图像上的两个亮点就是对应点,它们都是夜空中星星所成的像。当夜空中有很多星星时,寻找对应点就比较困难了。此时,很难确定左图中的一个亮点对应右图中的哪个点。外极线约束如图 5-11 所示,寻找对应点时有一个基本的假设,即场景中一点在两幅图像中所成的像是相同／相似的,即具有相同／相似的灰度或者颜色,因此在寻找对应点时,对于图 5-11(a)中的一点,需要在图 5-11(b)中寻找与其灰度或颜色相同／相似的点。

（a）　　　　　　　　　　（b）

图 5-11　外极线约束

对于图 5-11（a）中的一点 p，需要在图 5-11（b）中找到其对应点 p'。最直接的方式是在整幅右图上寻找与 p 具有相同灰度或颜色的点，但是这种做法可能会找到很多与 p 具有相同灰度或颜色的点，从而很难确认哪个点才是 p 的对应点，而且在整幅图像上进行寻找会导致计算量很大，事实上，两幅图像之间的对应点存在外极线约束，即对于左图上的一点 p，其在右图的对应点位于右图中的一条直线上。

如图 5-12 所示，左侧上的一点 p，其在右侧上的对应点位于其对应的外极线 l' 上，同样地，对于右图上一点 p'，其在左侧上的对应点位于其对应的外极线 l 上。外极线 l' 是由直线 OP、OO' 组成的平面与图像平面 II' 之间的交线。

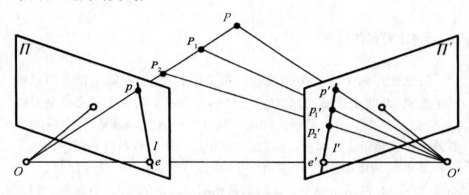

图 5-12　外极线约束

如图 5-13 所示，p' 为摄像机 2 中的图像坐标，是一个三维坐标（向量），Rp' 为 p' 点在摄像机 1 坐标系下的图像坐标，R 为摄像机 1 坐标系和摄像机 2 坐标系之间的旋转矩阵，T 为两个相机之间的位移（向量），Rp' 与 T 之间的差乘为一个与平面 POO' 垂直的向量。p 为摄像机 1 坐标系中的图像坐标，其位于平面 POO' 上。

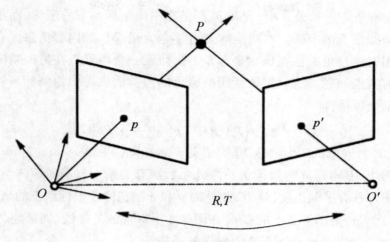

图 5-13　外极线约束

则 Rp' 与 T 之间差乘所得的向量与 p 垂直,则可得外极线约束的表达式为

$$p^{\mathrm{T}} \cdot \left[T \times (Rp') \right] = 0 \qquad （5-1）$$

差乘可以写为矩阵的乘法:

$$a \times b = \begin{bmatrix} 0 & -a_z & a_y \\ a_z & 0 & -a_x \\ -a_y & a_x & 0 \end{bmatrix} \begin{bmatrix} b_x \\ b_y \\ b_z \end{bmatrix} = \left[a_x \right] b \qquad （5-2）$$

其中, a_x 为斜对称矩阵,即一个矩阵的转置加上它本身是零矩阵。则外极线约束可以写为

$$p^{\mathrm{T}} \cdot \left[T \times (Rp') \right] = 0 \rightarrow p^{\mathrm{T}} \cdot \left[T_x \right] \cdot Rp' = 0 \qquad （5-3）$$

其中, $\left[T_x \right] \cdot R$ 为本质矩阵 E (Essential Matrix)。可以看出,本质矩阵只与摄像机的外参数 T 和 R 有关,而与摄像机的内参数无关。本质矩阵具有下列性质:

（1）Ep_2 是图像 2 上的点 p_2 在图像 1 上对应的外极线,同样的, Ep_1 是图像 1 上的点 p_1 在图像 2 上对应的外极线。

（2）E 是奇异的(秩为 2)。

（3）$Ee_2 = 0$,且 $E^{\mathrm{T}} e_1 = 0$, e_1, e_2 为极点,即两个摄像机光心连线与两个图像平面的交点。

（4）E 为一个 3×3 的矩阵,具有 5 个自由度。

在本质矩阵的公式中，p 和 p' 都是在图像坐标系下的坐标，而不是像素坐标系下的坐标。本质矩阵 E 并不包含摄像机的内参信息。在实际使用时往往更关注在像素坐标系上去研究一个像素点在另一幅图像上的对应点问题。这就需要使用摄像机的内参信息将图像坐标系转换为像素坐标系，即

$$p^{\mathrm{T}} K^{-\mathrm{T}} \cdot [T_x] \cdot R K'^{-1} p' = 0 \to p^{\mathrm{T}} F p' = 0 \qquad (5-4)$$

其中，K 为摄像机的内参数矩阵，F 为基本矩阵（Fundemental Matrix）。可以看出，基本矩阵与摄像机的内外参数都有关系。与本质矩阵类似，基本矩阵具有下列性质，注意，此处的 p 和 e 是在像素坐标系下的坐标。

（1）Fp_2 是图像 2 上的点 p_2 在图像 1 上对应的外极线，同样地，Fp_1 是图像 1 上的点 p_1 在图像 2 上对应的外极线。

（2）F 是奇异的（秩为 2）。

（3）$Fe_2 = 0$，且 $F^{\mathrm{T}} e_1 = 0$。

（4）F 为一个 3×3 的矩阵，具有 7 个自由度。

外极线约束可以将对应点的搜索范围缩小到一条直线上。此时，可以通过图像矫正（Image Rectification）的方法使外极线与图像的水平扫描线平行。矫正后的图像更便于进行立体匹配。

5.4.2 视差与深度

对于立体视觉来说，一般情况下两个相机都是经过标定的，摄像机的内外参数已知。此时，可以通过式（5-4）计算得到基本矩阵，即得到外极线约束，再通过图像矫正，使外极线与图像的水平扫描线平行。后续章节都假设立体视觉系统已经经过了图像矫正，即外极线与图像的水平扫描线是平行的。

如图 5-14 所示，设立体视觉系统的基线为 B（即两个相机之间的距离为 B），相机的焦距为 f。x_R, x_T 分别为图像上点 p 和点 p' 的 x 坐标，则由相似三角形可得

$$\frac{b}{Z} = \frac{(b + x_T) - x_R}{Z - f} \to Z = \frac{b \cdot f}{x_R - x_T} = \frac{b \cdot f}{d} \qquad (5-5)$$

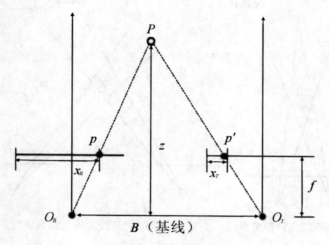

图 5-14　视差与深度

其中，$d=x_R-x_T$ 为视差，即在图像经过矫正的前提下，对应点之间 x 坐标的差值称为视差。由式（5-5）可以看出，视差越大的点（d 越大），其距离相机越近（Z 越小）；视差越小的点，其距离相机就越远。视差图也可以视为一幅图像，其中每个像素的像素值表示的是该像素视差的大小，像素值越大，对应点视差图中的像素越亮，则表明该处的视差越大，距离相机越近。

基线的长度对于立体视觉的影响很大，一般来说，基线越长，立体视觉系统恢复出的三维信息的精度就越高，但同时也使两个相机的公共可视区域变小，如图 5-15 中的阴影区域所示，并且匹配的难度增大；反之，若基线越小，则两个相机的公共可视区域较大，并且匹配的难度较小。

在得到对应点后，只需计算两条直线的交点即可得到空间点的三维坐标，如图 5-16 所示。q 和 q' 为理想情况下的对应点，通过计算 q 点与光心 O 的连线 qO 和 q' 点与光心 O' 的连线 $q'O'$ 的交点即可恢复空间点 Q 的三维坐标，但是在实际应用中，由于各种因素的影响，对应点的位置不可避免地存在误差。设实际检测到的对应点为 p 和 p'。p 与光心 O 的连线 pO 和 p' 点与光心 O' 的连线 $p'O'$ 并不相交。此时，可以通过找到空间中距离直线 pO 和 $p'O'$ 距离最近的点 P 来近似作为 Q 的重建结果。

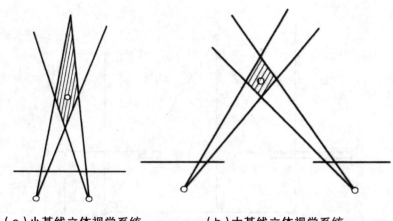

（a）小基线立体视觉系统　　　　（b）大基线立体视觉系统

图 5-15　基线长度对于公共可视区域的影响

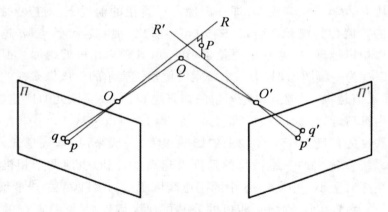

图 5-16　通过三角化恢复三维信息

5.4.3 立体匹配

　　立体匹配是立体视觉的核心问题。立体匹配是给定左图中一点，在右图中寻找其对应点。立体匹配的基本假设是空间中一点在左右两幅图像上所成的像具有相同（相似）的灰度或者颜色。这个假设根据成像物理学可以得到。对于空间中一点，其所在表面一般是朗伯表面，因此在各个方向上看具有相似的颜色或灰度。

　　立体匹配是一个非常困难的问题，在很多情况下根本无法进行有效的立体匹配,其面临的挑战有非朗伯表面、基线过大引起的变形、无纹理区域以及遮挡等因素对立体匹配造成的困难,在这些情况下,立体匹配的基本假设得不到满足,立体匹配根本无法进行。

进行立体匹配时,最简单的匹配方法是对左图中的一个像素,对其在右图中对应的外极线上(经过矫正后,外极线即为水平扫描线)的所有像素逐个进行匹配。匹配是通过对比两个像素的灰度值的差异进行的。外极线上与待匹配的像素的灰度值差异最小的像素被视为匹配的像素。这种匹配方法容易受到噪声的影响,一般来说得不到较好的匹配效果。

一种改进的方法是对两个像素进行匹配时,比较以两个像素为中心的一个小窗口之间的相似性。选取使两个窗口之间匹配代价最小的像素为匹配点。计算两个窗口之间的匹配代价时,可以使用绝对差和(Sum of Absolute Differences, SAD),即两个窗口中对应像素之间的差的绝对值之和;或者使用误差平方和(Sum of Squared Differences, SSD),即两个窗口中对应像素之间的差值的平方和以及归一化互相关(Normalized Cross Correlation, NCC)等方式来计算两个窗口的差异。SAD、SSD以及NCC的计算过程如式(5-6)~式(5-8)所示。

$$C(x,y,d) = \sum_{x,y \in S} \left| I_R(x,y) - I_T(x+d,y) \right| \tag{5-6}$$

$$C(x,y,d) = \sum_{x,y \in S} \left(I_R(x,y) - I_T(x+d,y) \right)^2 \tag{5-7}$$

$$C(x,y,d) = \frac{\sum\limits_{x,y \in S} \left(I_R(x,y) - \overline{I}_R \right)\left(I_T(x+d,y) - \overline{I}_T \right)}{\left[\sum\limits_{x,y \in S} \left(I_R(x,y) - \overline{I}_R \right)^2 \sum\limits_{x,y \in S} \left(I_T(x+d,y) - \overline{I}_T \right)^2 \right]^{1/2}} \tag{5-8}$$

基于窗口的匹配方法可以得到稠密的匹配结果,也比较容易实现,但其缺点是需要在纹理比较丰富的区域才能得到较好的匹配结果。当两个相机的视角差异较大时,效果也不理想,同时,还容易受到边界及遮挡区域的影响。

遮挡处的立体匹配如图5-17所示,其中由于窗口遮挡的影响,两个对应点所在的窗口中的内容并不相同。此时,可以将窗口划分为 $n(4)$ 个子窗口,匹配时分别计算多个子窗口之间的差异,取差异最小的前 m (2)个窗口来计算最后的匹配程度。Kanade 等提出了使用自适应窗口大小的方法进行立体匹配,对于每个像素,自适应选择能够最小化不确定性的窗口尺寸。Fusiello 等提出了使用多个窗口进行匹配的方法,匹配时选用九个窗口进行匹配,选得分最高的窗口为最终匹配结果,图 5-18 所示每个窗口针对其中标黑的像素计算 SSD 误差。

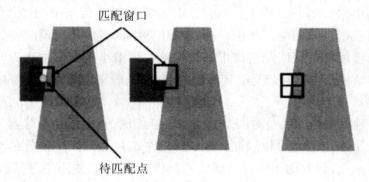

图 5-17　遮挡处的立体匹配

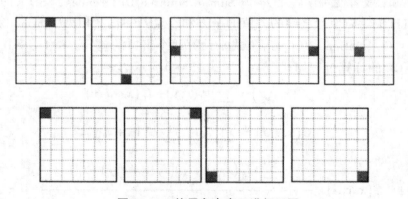

图 5-18　使用多个窗口进行匹配

5.5　动态视觉

运动视觉与立体视觉有很多相似的地方。立体视觉是同时使用两个相机拍摄场景,运动视觉则是使用一个相机先拍摄一幅图像,然后移动相机,再拍摄一幅图像。二者的区别在于,立体视觉可以拍摄动态的场景,而运动视觉不可以;同时,在立体视觉中相机一般是经过标定的,外极线约束已知,而且立体视觉中两个相机的视角一般比较相似,基线不大,因此可以对图像进行矫正,使外极线与图像水平扫描线平行。在运动视觉中,相机一般是没有标定过的,外极线约束未知,需要先计算匹配点,进而计算基本矩阵得到外极线约束,而一般在运动视觉中也不进行图像矫正,三维恢复的精度一般较低,恢复的点也相对稀疏。

运动视觉(Structue from Motion)的问题可以描述为:对于空间中的 n 个点,给定在不同视角下拍摄的包含这 n 个点的 m 幅图像,则可以得到

$$p_{j} = M_i P_j, i = 1, \cdots, m, j = 1, \cdots, n \qquad (5\text{-}9)$$

其中,p_{ij} 为第 j 个空间点 P_j 在第 i 幅图像中所成的像,运动视觉就是通过图像点 p_{ij} 来恢复 m 个投影矩阵 M_j,进而得到摄像机的姿态(运动)并恢复 n 个空间点的三维信息(结构),如图 5-19 所示。

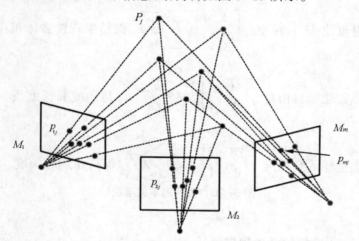

图 5-19　从多福图像中恢复场点的三维信息以及摄像机的姿态

运动视觉恢复出的结构信息和运动信息一般都带有一定的不确定性。设 M_j,P_j 分别为恢复出的投影矩阵和空间点的三维信息,则 HP_j 和 $M_j H^{-1}$ 也都符合投影公式,即

$$p_{j} = M_i P_j = \left(M_i H^{-1} \right) \left(H P_j \right) \qquad (5\text{-}10)$$

如图 5-20 所示,通常(即没有任何关于相机和场景信息的)情况下,

只能得到射影意义下的重建。其中 A 为 3×3 矩阵，t 和 v 为 3×1 的向量，v 为标量，R 为 3×3 的旋转矩阵，s 为尺度因子。此时，式（5-10）中的 H 为一个射影变换，拥有 12 个自由度。射影重建仅保持相交和相切关系，即真实场景中相交的直线在恢复的场景中仍然相交，而真实场景中平行的直线在恢复的场景中不一定能够保持平行。此时，可以通过已知场景或者相机的信息将射影重建升级到仿射重建。例如，通过场景中的无穷远平面（通过相机的纯平移运动或者场景中的平行线可以得到）可以将投影重建升级到仿射重建。除保持相交和相切关系之外，仿射重建还能保持平行关系。通过摄像机的内参数可以将仿射重建升级到相似重建，在相似重建下可以保持角度和长度比；通过已知场景中的物体的尺寸，可以将相似重建升级到欧式重建，此时可以保持长度。

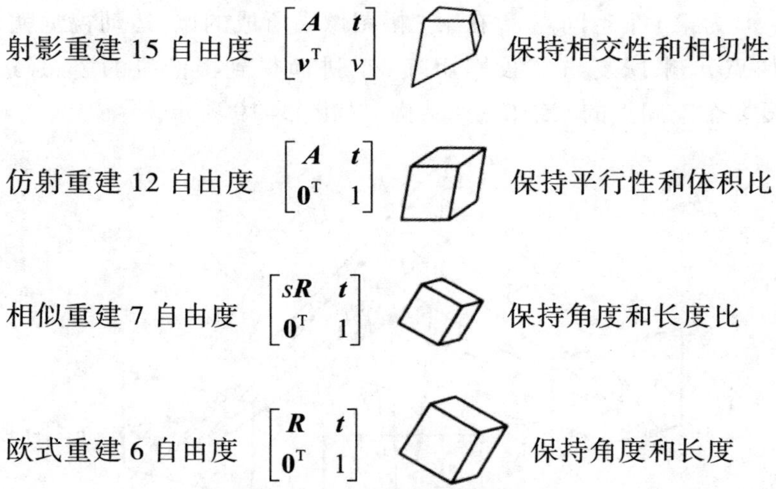

射影重建 15 自由度 $\begin{bmatrix} A & t \\ v^{\mathrm{T}} & v \end{bmatrix}$ 保持相交性和相切性

仿射重建 12 自由度 $\begin{bmatrix} A & t \\ 0^{\mathrm{T}} & 1 \end{bmatrix}$ 保持平行性和体积比

相似重建 7 自由度 $\begin{bmatrix} sR & t \\ 0^{\mathrm{T}} & 1 \end{bmatrix}$ 保持角度和长度比

欧式重建 6 自由度 $\begin{bmatrix} R & t \\ 0^{\mathrm{T}} & 1 \end{bmatrix}$ 保持角度和长度

图 5-20　重建的不同层次

5.5.1 两视角的运动视觉

两视角的运动视觉是通过在不同位置拍摄的两幅图像来恢复摄像机的运动以及场景的三维结构。两视角的运动视觉的计算过程为：寻找图像间的对应点，计算基本矩阵，通过基本矩阵估计相机的信息，进而使用估计出的相机信息以及对应点信息进行三角化得到对应点的三维坐标，完成重建过程。

（1）寻找图像间的对应点。

在运动视觉中寻找图像间的对应点时，与立体视觉不同，此时基本矩阵未知，无法通过外极线约束缩小搜索范围。此时，可以首先检测特征点，例如，Horris角点或者SIFT特征点，然后使用以特征点为中心的一个窗口在整个图像上来寻找对应点。

（2）计算基本矩阵。

由基本矩阵的公式可知，一对对应点可以提供一个关于基本矩阵的方程。给定一对对应点 p，p'，坐标分别为（u，v，1），（u'，v'，1），根据外极线约束可得 $\boldsymbol{p}^{\mathrm{T}}\boldsymbol{F}\boldsymbol{p}=0$，展开可得

$$(u,v,1)\begin{pmatrix} F_{11} & F_{12} & F_{13} \\ F_{21} & F_{22} & F_{23} \\ F_{31} & F_{32} & F_{33} \end{pmatrix}\begin{pmatrix} u' \\ v' \\ 1 \end{pmatrix}=0 \tag{5-11}$$

可写为

$$(uu',uv',u,vu',vv',v,u',v',1)\begin{pmatrix} F_{11} \\ F_{12} \\ F_{13} \\ F_{21} \\ F_{22} \\ F_{23} \\ F_{31} \\ F_{32} \\ F_{33} \end{pmatrix}=0 \tag{5-12}$$

使用所有的对应点，可以得到

$$\boldsymbol{Af}=0 \tag{5-13}$$

其中，f 为包含基本矩阵中9个元素的向量，A 为 $n\times9$ 的矩阵，每一行对应式（5-12）中的由对应点坐标构成的9维向量。计算基本矩阵时，存在一个未知的尺度因子，因此可以设置 $F_{33}=1$。待求解的参数为8个，从而通过8对对应点就可以对基本矩阵进行求解。在实际应用中，一般是通过远远多于8对对应点来求解基本矩阵，以降低噪声及错误匹配的影响。

（3）估计相机信息并恢复三维信息。

求出基本矩阵 F 后，可以通过式（5-14）得到两个投影矩阵：

$$\tilde{M}_1 = [I \quad 0], \tilde{M}_2 = \left[-[e_x]F \quad e \right] \tag{5-14}$$

其中，e 为极点，然后通过三角测量（Triangulation）的方式就可以得到场景中点的三维重建结果，即恢复出场景的结构。另外，还可以通过分解投影矩阵，得到摄像机的外参数，即摄像机的运动信息。需要注意的是，此时恢复的是射影意义下的三维结构。

5.5.2 多视角的运动视觉

多视角的运动视觉一般都要使用束调整（Bundle Adjustment）算法，通过最小化重投影误差来得到优化后的重建结果，但是束调整方法需要较好的初值才能得到较好的结果。多视角的运动视觉可以通过基于序列（Sequential）的方法和基于分解（Factorisation）的方法得到相机运动和三维结构的初始重建结果。

5.5.2.1 基于序列的方法

基于序列的方法是通过每次添加一幅图像，依次使用多幅图像进行三维重建。首先，通过视图 1 和视图 2 计算基本矩阵，恢复相机在视角 1 和视角 2 处的投影矩阵并进行三维重建，得到在视角 1 和视角 2 下都可见的点的三维信息；其次，通过所恢复的点中在视角 3 下也可见的部分，即在视角 1、2、3 下都可见的点的三维信息计算视角 3 的投影矩阵。通过视角 3 的投影矩阵，联合视角 1 和视角 2 的投影矩阵，计算视角 3 下新的可见点的三维信息，即通过投影矩阵 2 和投影矩阵 3，重建在视角 2 和视角 3 下都可见，而不被视角 1 和视角 2 同时可见的点的三维信息，同时，使用投影矩阵 3 来优化已经重建出的在视角 1 和视角 2 下可见，且在视角 3 下也可见的点的三维信息。依次处理所有的视角，得到重建的结果。

此外，也有通过融合三维重建结果的方法进行多视角下的三维重建。首先通过视图 1 和视图 2 得到部分重建结果，通过视图 2 和视图 3 得到部分重建结果，然后，再通过两个重建结果中的三维对应点，将两个部分重建结果进行融合，从而得到多视图下的三维重建结果。

5.5.2.2 基于分解的方法

基于分解的方法同时使用所有的视图进行重建,即同时恢复所有视角的投影矩阵和所有空间点的三维信息。这种方法的优点是重建误差会比较均匀地分布在所有的视图上,而基于序列的方法可能引起误差的累积,使最后面的视图的重建结果误差较大。

基于分解的方法最开始是针对一些简化的相机模型。例如,正交投影相机和弱透视投影相机等可以使用基于直接 SVD 分解的快速线性方法进行,但是这些方法对于真实的相机并不适用。后来,提出了一些针对透视投影相机的基于分解的方法,但是这些方法都是迭代的方法,并不能保证收敛到最优解。

5.5.2.3 束调整

在运动视觉中,束调整是很常用的一个算法。束调整的基本思想是,通过最小化重投影误差,即计算出投影矩阵 $\boldsymbol{M}$ 和重建结果 $\boldsymbol{P}$ 后,通过投影矩阵 $\boldsymbol{M}$ 将 $\boldsymbol{P}$ 重新投影到图像平面上,通过最小化投影点和实际图像点之间的距离,来优化投影矩阵和重建结果。

$$E\left(\boldsymbol{M},\boldsymbol{P}\right)=\sum_{i=1}^{m}\sum_{j=1}^{n}D\left(p_{ij},\boldsymbol{M}_{i}\boldsymbol{P}_{j}\right)^{2} \tag{5-15}$$

束调整可以同时处理多幅图像,而且,对于缺失数据的情况也能很好地处理,但其局限是需要一个好的初始值才能得到好的优化结果。

5.5.3 运动视觉的应用

运动视觉可以应用在增强现实、遗迹重建和虚拟游览以及三维地图等领域。通过拍摄或者从网上收集感兴趣的景点的照片,通过运动视觉恢复场景点的三维信息以及每幅照片的拍摄位置,就可以将这些无序的照片组织起来,以便于用户选择不同的视角和位置对景点进行观察。

5.6　视频编解码

随着现代科学技术发展的日新月异，网络技术也得到了飞速发展，图像／视频技术也因此得到了大力推广，尤其是在多媒体通信领域中。但是随之而来的一个问题就是：现代数码产品发展速度飞快，通过数码设备所得到的图像／视频所蕴含的信息量也越来越大，但是在现有的网络传输速率下，难以完成这样数据量的实时传输。

5.6.1 图像／视频信息的压缩依据

图像／视频信息的压缩主要是依靠削弱甚至消除组成图像像素点、视频连续帧之间的相关性，从而减少图像的像素比特。这种相关性被称为图像／视频的冗余。冗余主要分为以下六类：

（1）空间冗余。

空间冗余是静态图像中存在的最主要的一种数据冗余。所谓空间冗余，就是在观察某一处的景物时，看到的景物可能会包含很多种颜色，其中必然会有某种颜色是带有连贯性的，但是用设备来取景时，得到的图像是用离散的像素来表示的，也就忽略了这种连贯性。比如说：图像上是一块黑板，黑板上的颜色是一致的，所以图像上用于表现这块黑板所用的颜色就是相同的，空间冗余也就产生了。

（2）时间冗余。

时间冗余是序列图像中经常包含的冗余。一组连续的画面之间往往存在着时间和空间的相关性，但是用基于离散时间采样来表示运动图像的方式通常没有利用这种连贯性。比如武侠电影中，两个武林高手在一片树林里生死决斗，假设在一定的时间内两个人打斗的地点未发生改变，那么，在这个打斗的过程中，两人打斗的背景一直都是相同的且没有发生移动，同样的，两个人打斗也是如此，只有他们的动作和位置发生了一定的变换。

（3）结构冗余。

结构冗余是在某些场景中，存在着明显的图像分布模式，这种分布模式称作结构。在很多图像中会重复出现同一纹理或相近的纹理结构，比如说：大理石地砖、蜂窝等。

（4）视觉冗余。

视觉冗余是因为人类的视觉系统对图像的敏感度不同而产生的一种冗余。人眼对不同的色彩敏感度不同，对亮色敏感度强，对暗色的敏感度就稍弱。而相对于亮度和色度，人们对亮度变化的敏感度就强于色度，对事物的边缘比较敏感，对结构敏感等，因此，可以根据这些视觉特性对图像信息进行取舍，达到图像压缩的目的。

（5）符号冗余。

符号冗余也称为编码表示冗余。在编码过程中，如果采用定长编码，即利用固定码长表示每个像素，而没有体现出高概率出现的像素与低概率出现的像素的区别，则其势必是冗余的。如果采用可变码长进行编码，对高概率出现的像素采用短码字表示，低概率出现的像素使用长码字表示，则可以消除这种冗余。

（6）知识冗余。

在某些特定的应用场合里，编码对象中包含的信息与某些先验的基本知识有关。例如，在一副人脸图像中，五官的位置是大致固定的，或者高速公路视频中车辆出现的相对位置也是固定的。在实际编码中，即可以利用这些先验知识，通过模型训练，为待编码的图像建立模型，直接对参数进行编码。

5.6.2 霍夫曼编码

霍夫曼编码（Huffman Coding）是一种基于统计的无损压缩方法，由D.A.Huffman 于 1952 年在《论最小冗余度代码的构造》一文中提出，这种方法是目前压缩方法中应用最普遍的方法。该方法完全依据字符出现概率来构造字符编码，概率小的码字长度长，概率大的码字长度短。

霍夫曼编码的具体方法：先按不同字符出现的概率大小排队，把两个最小的概率相加，作为新的概率，并与剩余的概率重新排队，再把最小的两个概率相加，再重新排队，直到最后变成两个概率相加和为 1。

每次相加时都将"0"和"1"赋予相加的两个概率(可以是高概率赋值为1,也可以是低概率赋值为1),读出时由该符号开始一直走到最后的"1",将路线上所遇到的"0"和"1"按最低位到最高位的顺序排好,就是该符号的霍夫曼编码。其中,相加的过程可以利用霍夫曼树来表示。

5.6.3 霍夫曼二叉树的建立

普通的编码都是定长的,比如常用的 ASCII 编码,每个字符都是8bit。表5-1给出了部分字母符号的 ASCII 编码。

表 5-1　部分字母符号的 ASCII 编码

字符	编码
A	00101001
B	00101010
C	00101011
…	…

这样,计算机就能很方便地把由 0 和 1 组成的数据流解析成原始信息。但这要求编码要符合"前缀编码"的要求,即较短的编码不能是任何较长的编码前缀,这样解析的时候才不会混淆,比如表5-2中的编码方法就符合前缀原则。

表 5-2　前缀编码

字符	编码
A	0
B	10
C	110
D	1110
E	11110
…	…

5.6.4 霍夫曼编码和解码过程

5.6.4.1 霍夫曼编码过程

（1）建立霍夫曼树。

完成霍夫曼的编码需要首先建立霍夫曼树,之后对所有字符根据权重进行编码,最后再对文件内容进行编码。

建立霍夫曼树的思想:首先定义适合霍夫曼树的节点类型,需要定义的有当前节点的字符,当前节点的左子、右子和父亲指针。在建立霍夫曼树之前还需要对出现的字符和权重进行统计和记录,并且定义一个可以筛选出最小权重的函数。构建霍夫曼二叉树的流程图如图 5-21 所示。

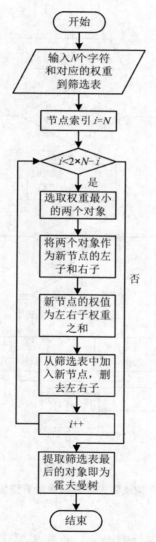

图 5-21　霍夫曼二叉树的建立流程图

（2）建立霍夫曼编码表。

构建完霍夫曼树后，根据霍夫曼树建立霍夫曼码表。建立编码表时要根据每个出现的字符的权重对建立的霍夫曼树的每个叶子节点进行编码。编码时要从叶子节点出发向根节点进行逆向编码。构建霍夫曼编码表的算法流程图如图 5-22 所示。

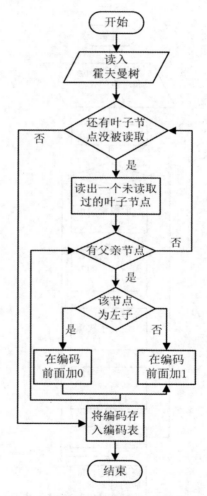

图 5-22 构建霍夫曼编码表的算法流程图

（3）进行编码。

有了编码表就可以进行编码了。首先需要建立一个原始文件，在文件中输入需要编码的内容。之后将文件打开，把其中的内容存储到字符串中以便程序编码调用。然后,对需要编码的字符进行编码,将字符逐一读取与刚刚建立的编码表中的每个叶子节点代表的字符进行比较,找出相同的对象,并将当前节点的编码打印到屏幕,再将编码存入新建的密码文件当中。编码流程图如图 5-23 所示。

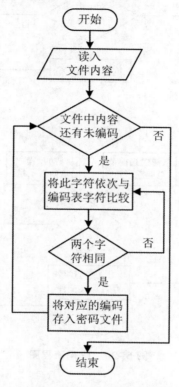

图 5-23   编码流程图

5.6.4.2 霍夫曼解码过程

首先打开密码文件,将之前编码后得到的密文内容存储到字符串中以便解码调用。然后对密文的字符串进行解码,树索引从根节点开始走,当密文中的当前字符是 "0" 的时候,则索引走向左子节点;当是 "1" 的时候,则走向右子节点。以此类推,一直走到叶子节点为止,则当前叶子节点所代表的字符即为前一段密文的解码结果。最后对下一个字符依次从根节点开始解码,如此循环对每一段密文进行解码直到解码结束,将解码结果存入新的解码文件当中。解码流程图如图 5-24 所示。

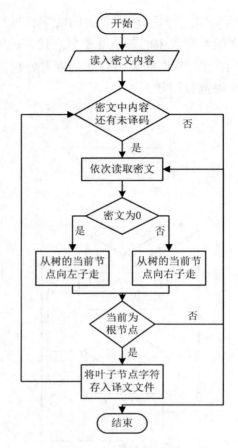

图 5-24　解码流程图

5.6.5 霍夫曼编码的特点

（1）霍夫曼编码的构造方法是确定的，但得出来的编码结果却是不确定的。一是在编码过程中对于两个概率值赋予"1"，和"0"的关系不确定（可以大概率赋"1"，小概率赋"0"，反之也可行）；二是在编码过程中若是存在相同概率的两个值，两个概率的排序也是随机的。因此，霍夫曼编码的结果并不确定。此外，霍夫曼编码是依据信源符号的概率分布，其编码效率取决于信源的统计特性，当信源符号的概率相等时，其编码效率最低。因而只有在符号概率分布不均匀时，霍夫曼编码才可以展现出明显的优势。

（2）由于霍夫曼编码采用的是变长编码，码字不等长，就导致硬件实现很困难(尤其是译码部分)，而且在抗误码方面能力也比较弱。

（3）霍夫曼编码后，会形成一个霍夫曼编码表，解码时需要参照这一编码表才可以正确解码。因而要求在传输过程中必须传输此表，也就需要考虑此编码表在实际传输中占据的比特数。在实时性要求较强的场合，可以采用霍夫曼编码表缺省的方式，按照其遵循的统计特性直接在接收端预置固定的编码表，节省了传输时间。

实验研究证明，霍夫曼编码能够接近压缩比的上限，是一种比较好的压缩编码方式。

第6章

生物特征识别

用户的生理特征是与生俱来、独一无二和随身携带的。该认证方法的核心是如何提取这些生理特征,如何将这些生理特征转化为计算机能够处理的信息,如何利用可靠的匹配算法完成个人身份的匹配和识别,因此,基于生理特征的身份认证机制的一般流程如下:

　　(1)认证系统首先对用户的生理特征多次采样,然后对这些采样信息进行特征提取,接着对这些特征进行训练,最后将训练结果存储在认证系统的用户数据库中。

　　(2)鉴别时,采样用户的生理特征信息,然后对这些采样信息进行特征提取,接着将这些数据通过安全的方式传输给认证系统。

　　(3)进行特征匹配。将步骤(1)和步骤(2)的特征进行比较,如果特征匹配程度达到规定的要求,则认证通过,否则认证失败。

6.1　指纹识别

6.1.1 指纹简介

指纹就是手指表皮上突起的纹线。生理学研究已经表明,人类都拥有自己独特的指纹,即使是孪生子,其指纹纹路图样完全相同的概率不超过 10^{-10},而且人的指纹永远不会改变,即使年龄增长了或身体状况发生变化,指纹也是不会改变的。正是指纹的这些特点,使得它成为识别个人身份的方法之一,其误识率为 0.8%。指纹识别就是通过比较不同指纹的细节特征点来进行鉴别。

能够用我们的眼睛直观地观察出指纹的纹形即为指纹的全局特征,一般可分为以下几种类型:斗型(whorl)、右箕型(right loop)、拱型(arch)和左箕型(left loop),如图 6-1 所示。

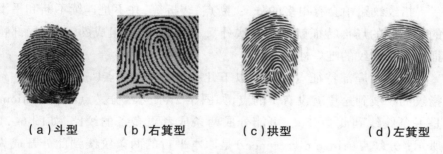

（a）斗型　　　　（b）右箕型　　　　（c）拱型　　　　（d）左箕型

图 6-1　指纹的基本图案

我们把指纹分为这几种基本图案,为了方便在指纹库中能够快速地检索到相匹配的指纹。但是,仅仅依靠这一分类还远远达不到我们检索指纹的要求。全局特征包括核心点、三角点、模式区和纹数。

核心点(core point)是指在指纹最中心的那个位置的点。在许多指纹算法中指纹的读取和对比都是基于核心点而设计的。核心点如图 6-2(a)所示。

三角点(delta)是指从指纹核心点的纹路开始到相遇的第一个分

叉点或断点、或是两个纹路相遇的点、一条纹路的转折点及一个独立的点。三角点如图 6-2（b）所示。

模式区（pattern area）是指纹的全局特征的一部分，从模式区就可以辨别出指纹的类型。模式区如图 6-2（c）所示。

纹数（ridge count）是模式区中所包含的指纹纹路的个数，一般通过计算核心点和三角点之间指纹的条数来计算纹数的个数。纹数如图 6-2（d）所示。

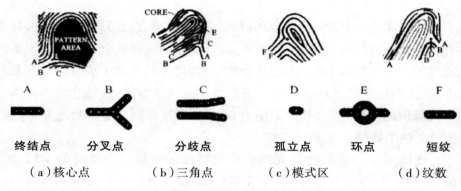

图 6-2　指纹的全局特征

指纹纹路中会有很多的分叉、断点、转折等，并不是连续不断和平滑的。指纹的局部特征就是由这些分叉、断点和转折组成的，这些局部特征决定了指纹的唯一性。

指纹的局部特征点可分为以下几种类型：终结点（ending）是一条指纹的纹线到这里就没有了的点，如图 6-2A 所示；分叉点（bifurcation）是一条纹线到此会分叉，可能分成两条或者更多条的纹路，如图 6-2B 所示；分歧点（ridge divergence）是原本平行的两条纹线到此分开成为不平行的两条纹线，如图 6-2C 所示；孤立点（dot or island）是一条很短以至于可以把它视为一个点的纹路，如图 6-2D 所示；环点（enclosure）是一个分叉为两条的纹线之后又相遇成为一条的纹路，如图 6-2E 所示；短纹（short ridge）是一端较短但不至于成为一点的纹路，如图 6-2F 所示。

6.1.2 指纹识别技术

指纹识别技术是最早的基于生理特征的身份认证技术。指纹识别系统的简图如图 6-3 所示。

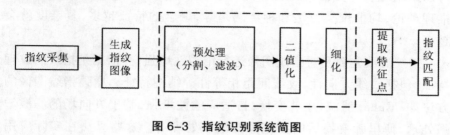

图 6-3　指纹识别系统简图

6.1.2.1 指纹采集

一般利用指纹采集仪采集指纹图像,采集仪的指纹传感器按照采集方式分为两类,即滑擦拭和按压式;按照信号采集原理可以分为光学式、压敏式、电容式、电感式、热敏式和超声波式等。但如果手指表皮受伤、脱皮、过于干燥或潮湿,都会影响指纹获取的质量,最终影响指纹的识别。目前有一种基于生物射频的指纹采集技术,它通过传感器本身发射出微量射频信号,穿透手指的表皮层去探测里层的纹路,来获得最佳的指纹图像。采集到的指纹根据其面积的大小,可以分为滚动捺印指纹和平面捺印指纹。

6.1.2.2 生成指纹图像

采集仪采集到的指纹是皮肤上凹凸不平的纹线,即脊线和谷线。生成指纹图像时,将三维的指纹变成二维的指纹图像,完成指纹图像的数字化过程。

6.1.2.3 图像预处理

在指纹图像预处理中,分割和滤波是两个重要的步骤。分割的目的是去除非指纹区域和噪声较多不易区分的指纹区域。而滤波是为了增强纹线的清晰度,增加脊线和谷线的对比度,减少伪信息。

分割是将生成的指纹图像划分为前景区域和背景区域,前景区域是指手指与传感器接触部分所对应的图像,背景区域是指图像边缘处的噪声区域。分割的方法如:图像灰度平均值、方差、标准偏差、灰度对比度、方向一致性、全变差、方向图、熵、梯度熵、频率和有效点聚集度等。但对于一些低对比度和噪声严重的图像分割将会产生较大的错误率,此时可以采用融合分类器,如经验阈值、分层分级分割、自适应增强分类器、推理理论、均值聚类方法和神经网络等,融合的特征越多,复杂度就会越高。

指纹滤波主要是对指纹图像进行结构性增强,其依据是指纹的纹理特征,包括纹线方向性、纹线间距相等性等结构特征。增强指纹图像的方法如:Gabor 滤波,小波变换,自适应滤波增强,基于方向场的滤波增强处理,傅里叶变换后的频域滤波增强处理等。这些算法在实际应用中,将采用不同的策略。

6.1.2.4 二值化

图像二值化是将灰度图像变成 0 和 1 取值的二值图像过程。在二值化处理前,需要设定一个阈值,当像素点的灰度值大于阈值时,该点设为 1;当像素点的灰度值小于阈值时,该点设为 0。这样就将整幅指纹图像转化为了由 0 和 1 组成的二值图像。但是,对于一幅图像而言,各部分的明暗程度是不同的,即灰度级数不同,所以整幅图像不能采用一个阈值,为此一般会引入平滑的思想,这会导致边缘模糊化。

6.1.2.5 细化

一般采用形态学的方法对二值化的指纹图像进行细化。细化一幅指纹图像需要满足以下条件:
①细化过程中,图像应该有规律地缩小。
②细化过程中,图像连通性应保持不变。
③细化过程中,图像的结构特性不变。
④细化过程中,纹线的细节特征不变。利用迭代函数不断重复细化过程,直至骨架纹线的宽度为 1 像素,即单像素宽。如图 6-4 所示。

原始图　　　图像增强后　　平滑处理后　　　二值化后　　　细化后

图 6-4　图像预处理过程示意图

6.1.2.6 提取特征点

尽管指纹图像经过了细化处理,但仍然携带了大量的信息,因此需要将指纹的有效特征提取出来,它是最终进行指纹匹配的依据。指纹特征一般包括指纹的总体特征和局部特征。

总体特征包括指纹纹形、核心点(中心点)、三角点(Delta 点)和纹密度。总体特征包含的信息比较稳定,不会随采集图像的质量变化而发生大的变化。

指纹的局部特征是指单个特征点的特征描述,一般用类型、水平位置(x)、垂直位置(y)、方向、曲率、质量等六个要素来描述。类型是指纹特征点的分类,包括终端点、分叉点、分歧点、孤立点、环点和短纹等。

6.1.2.7 指纹匹配

指纹匹配是利用提取的指纹特征信息,比对两幅指纹图像是否来自同一枚指纹,即是否出自同一个手指。由于两次指纹采集的时间不同,采集的设备不同和采集方式不同,采集的指纹图像可能出现偏差,因此在设计匹配算法时,必须考虑以下情况:

(1)手指可能位于采集仪表面的不同位置和角度,导致输入模板和参数模板间的位置和角度偏差。

(2)手指施加在采集仪表面的垂直压力可能不同,导致输入模板和参考模板的空间尺度偏差。

(3)输入模板和参考模板中可能存在伪特征点。

(4)输入模板和参考模板可能发生真实特征点遗失。

但指纹识别也会存在一些缺陷。随着年龄的增长,皮肤会越来越干燥,特别是对老年女性而言,手指的指纹脊线会因此变浅,而且不断生出的皱纹也会破坏指纹纹理。瓦匠、石匠以及其他体力劳动者可能将指纹"擦掉"。化疗等一些医疗方法有时甚至能让指纹永久消失。

6.1.3 指纹识别算法

Gain Will 拥有具有完全自主知识产权的指纹识别算法,获得多项国家发明专利,在国际上具有领先地位。指纹识别算法根据其实现原理,分为如下三种:

(1)基于细节点的指纹识别算法。

(2)基于全局纹线的指纹识别算法。

(3)基于图像相关性的指纹识别算法。

三种算法各有优势,满足了不同应用场合的需要。

Gain Will 算法具有如下特点:

(1)智能化。根据人类观察判别事物的习惯和思维方法,进行智能化图像处理。运用能自我积累学习的遗传经验方法忠实表达原指纹图像的特征,并将特征进行有效的分类和筛选保证其区分性、稳定性、独立性等特点。

(2)体积小。其代码长度小于48Kb,所需数据缓冲小于16Kb,对系统内存的总需求小于64Kb,是全球最精简的指纹识别算法。

(3)速度快。处理并验证一枚64Kb的指纹图像,只需要60MIPS,可以在所有常见的处理器平台上轻松完成指纹识别。

(4)高度可移植化。全部用标准C语言实现,易于在不同平台上移植。目前,Gain Will 算法已经在 DSP、ARM 等嵌入式平台以及 Windows、UNIX、LINUX 等操作系统上得到广泛应用。

(5)支持多种指纹采集传感器。除了能完美地支持自主开发的光学传感器外,还广泛支持 FPC、Authentec、Veridicom 等半导体传感器。

6.1.4 指纹识别的应用

指纹识别人工智能在未来所具有的应用范围会广泛吗？这是业界很多人士都在探讨的问题,对于大众而言,指纹识别技术并不会太陌生,目前很多手机,不论是数千元的旗舰机还是千元左右的大众机型都搭配了此种功能,它已经在我们的日常生活中有所应用。

从指纹识别系统在手机上应用广受好评可以看到,指纹识别人工智能在未来必然会有很广泛的应用空间,特别是在工业生产领域中所具有的效果会更明显。在工业生产系统之中指纹识别人工智能系统有什么样的作用呢？多数企业在生产过程之中会使用到诸多设备,为了能够在设备使用过程中由专人完成,而不会由其他人进行代替,完全可以将指纹识别系统应用在这些设备上,通过系统智能化处理能够一键开关后自行完成各项流程任务,这样能够有效减低人员时间消耗。

指纹识别人工智能所能够覆盖的范围面是非常广泛的,从工业领域到日常生活能够全线覆盖,因此它的未来发展之路非常广阔,目前阶段德国、美国、日本等发达国家都已经在这一发展领域中投入大量资金进行研发,我国的一些科技领军企业也在这方面不遗余力地投入研发力度,未来阶段中,这一技术将决定工业领域众多企业的日常管理规范,在安全提升方面效果显著。

6.2 人脸识别

人脸识别,是基于人的脸部特征信息进行身份识别的一种人工智能技术。人们每天上传到社交网络上的图像达千万量级,且每天产生的视频数据中也包含海量人脸信息。如何将这些图像与视频中的人脸进行特征提取并分析,已成为机器学习算法历史上一个十分具有挑战性的课题。每个人都有基本相同的面部轮廓与眉毛、眼睛、嘴等相似特征,而就是这些相似的特征却可以区分地球上 70 多亿人。即使是双胞胎,其脸部也存在细微差别。借用一句话"地球上没有两片完全相同的雪花",

而人脸也是如此,"世界上没有两个完全相同的人脸"。如何借助于人脸的细微差别进行身份识别,是人脸识别的一个主要任务之一。

如图 6-5 所示,人脸识别模型能够对图像中的人脸检测出位置,并与数据库中的人脸图像进行匹配,如果匹配成功,则人脸识别成功。

图 6-5　人脸识别模型

人脸识别系统的研究最早可以追溯到 20 世纪 60 年代,但由于技术背景的限制,没有什么突破。20 世纪 80 年代,随着计算机技术和光学成像技术的发展,人脸识别技术得到了突破,但直到 20 世纪 90 年代后期,该技术才真正进入初级应用阶段。

与指纹识别技术类似,人脸识别过程分为四个部分:人脸图像的采集,人脸图像的预处理,人脸图像的特征提取,人脸的匹配与识别。

人脸识别技术的特点是直接、方便、友好,易于被人们接受,但缺点是可靠性相对较低,误识率为 2%;脸像会随着年龄变化而变化,而且容易被伪造;一旦脸部整容过,就很难识别。另外,在环境光照发生变化时,识别效果会急剧下降,无法满足实际系统的需要。可能的解决方案有三种:三维图像人脸识别,热成像人脸识别和基于主动近红外图像的多光源人脸识别。前两种技术还远不成熟,识别效果不佳。后一种技术能克服光线变化的影响,在精度、稳定性和速度方面的性能超越三维图像人脸识别,并逐渐走向实用化。

从人流控制到监控进入大楼的行人,人脸检测在许多实际生活场景中已经变得非常重要。在许多情况下,仅人脸检测并不足以完成任务,人脸需要被识别或者在一些场景需要被验证,如进入银行金库或者登录一台计算机。人脸检测可以说是最基本的需要,因为这不仅可以统计人数,也是人脸识别的前提。也可以说识别这一动作本身必然包含检测,而验证身份是人脸识别中只有一人需要被识别的例子。在事情的总体方案中,人脸检测是这些任务中最简单的。从原理上说,人脸检测通过使用一个基于"平均"脸的合适的滤波器就可以自动做到,"平均"脸可以通过"平均"数据库中的大量人脸获得。但是,在达到实际效果时,有大量错综复杂的情况需要考虑,因为人脸图像极大可能是在很广泛的不同照明条件下采集的,而且面部不太可能被正面拍摄。事实上,头也会有不同的位置和姿态,所以即便是完全正面的视角,头也可能有不同程度的平面内旋转和平面外旋转。翻滚角、俯仰角、偏航角对于人脸检测或识别(类似船舶)来说,是三个需要被控制或者说是会存在的重要角度。当然,也有一些情况下人脸的姿态是被限制的,比如拍护照上的照片和驾驶证上的照片时,但是这些情况要被当成是例外。最后,不能忘记的一点是人脸是灵活的物体:不仅下巴可以移动,嘴和眼睛可以张开或者闭上,而且可以做出极其丰富的面部表情(也可以体现情绪)。所有这些内部和外部的因素都使得人脸分析和识别是一项非常复杂的任务,而且这个任务会因为脸部和头发的多样性,眼镜、帽子和其他服饰变得更加复杂。

6.2.1 一种人脸检测的简单方法

广泛使用的 LFW（Labeled Faces in the Wild）数据集包含从互联网上收集的,并且人脸大致居中、大小尺寸相同的图片。大多数情况下,它们显示的正面人脸具有相对较小的三维滚动、俯仰和偏航方向范围——所有这些特征一般都在 $\pm 30°$ 范围内。在本节中,我们考虑如何以合理的速度和效率进行人脸检测。一个直观的方法是用使用颜色和强度控制来检测肤色。用简单的色调和强度范围测试来尝试使用这种方法:色调 $+180°$ 必须在 $180°$ $\pm 20°$ 范围内,强度必须在 140 ± 50 的范围内(整体强度范围为 0~255)。这个范围是依靠经验得出的:在实际操作时这将由严格的训练过程决定。

通过对每个方向每 10 像素进行采样来加速处理。通过上述范围测试,带有肤色信号的所有像素都用白点标记出来。接下来,使用一个长宽比约为 2∶3 的长方形(相对应大致 LFW 面部尺寸),这样包含最多的肤色信号的位置就被找到了:在这个阶段,内点被重新标记为黑色,其余白色点被视为外点(异常值)。在所有四张图片中,真正的面孔被正确地找到并贴上标签,而且判别结果不会被剩余的外点所干扰——即使它们与脸的一些部分相对应,或与背景中的其他明亮小块对应。显然,这种方法是鲁棒而合理准确的,它的运行速度也非常快,因为只有每 100 像素使用一次。肤色检测器相对简陋而且并不对应到个人的脸,但是这似乎并没有关系。事实上,最重要的参数应该是长方形的尺寸。奇怪的是,这个参数实际上是非关键的,它适用于相当数量的 LFW 人脸,不会发生任何遗漏。总的来说,主要问题是这个人脸检测器总是会找到最类似一张脸的物体(即使没有)。在这种情况下,最显而易见的方法似乎是找到合适的面部特征检测器,如眼睛、耳朵、鼻子或嘴巴,以验证发现的任何脸部确实是一张脸。有趣的是,尽管眼睛可能是最广泛用于此目的的特征,但它们在照片中相对模糊不清。所以决定应该寻找哪些特征,以及它们应该以什么准确度被检测到依然是个问题。

6.2.2 人脸特征检测

通过肤色检测脸部可能是不可靠的,因为:(1)手和身体的其他区域可以模仿脸部;(2)衣服可以具有相似的色调和颜色;(3)甚至由沙子或其他材料构成的背景区域都可以有相似的色调和颜色。因此,基于面部特征或面部形状的人脸检测方法可以用来代替那些简单依赖肤色的检测方法。此外,它们还可以用于肤色区域检测,以确保整体方法足够鲁棒。

在相关的面部特征中突出的是眼睛、鼻子、嘴巴和耳朵及其子特征,如角点。这些可以用训练好的模板通过相关运算来检测,如眼睛检测。为了可靠性,这样的模板需要非常小,以弥补困扰人脸检测的变异性的问题。如果它们看起来在足够精确度的范围内相符,可以分别检测眼睛,结果自适应地组合。显然,结合几个特征检测,不仅仅检测眼睛,而且检测多种特征,尽管可能不知道如何足够鲁棒地得到先验信息,特别是在一些图片中,滚动角度、俯仰角度和偏航角度都很大而且未知。总体而言,多特征方法最糟糕的方面是需要设计和训练多个检测器,并且特征数据的融合甚至可能更难以处理和训练。还要注意,处理所有这些因素和各种复杂场景可能涉及大量计算。因此,不出意料,近几年来这种相当复杂的方法在学术界已经变得不那么常用了。在这种情况下,Viola 和 Jones(VJ)研究并提出了他们具有创新性的基于哈尔(Haar)过滤器的方法,下面将会对其进行概述。

6.2.3 用于快速人脸检测的 Viola–Jones 方法

Viola 和 Jones 深入分析了上一节概述的人脸检测问题,他们决定采取一种全新的方法。首先,他们避开了关注于上述"明显"特征,即眼睛、耳朵、鼻子和嘴巴;此外,他们避开了肤色特征和肤色检测,而转向根据强度分布特征来分析人脸(最后,他们没有直接分析形状)。他们首先寻求的是一系列在实践中发挥作用的特征,这是因为对已知数据集进行了仔细的训练。出于这个原因,他们决定使用类 Haar 基础函数作为通用目的特征来训练软件系统。使用这些特征有可能找到相对较暗的脸部区域。通常情况下眉毛正下方包含眼睛的部分相对较暗,并且比前额或含鼻子和脸颊的区域明显更暗。同样,眼睛之间的部分往往是显著的比鼻子区域更亮。如果当这种强度变化实际存在时,类 Haar 过滤器将会把它们显示出来。

首先应该解释一个典型的 Haar 滤波器由两个相邻且紧靠着的大小相等的矩形组成,但是具有相反的权重(通常为 ±1),因此权重的总和将为零,使得滤波器对背景照明度不敏感。这样的滤波器将接近差分边缘检测器。其他 Haar 过滤器将由三个相邻的紧挨着的矩形组成,如果面积相等,它们的权重必须是 –1:2:–1 的比例。还有其他的 Haar 过滤器由四个相邻的紧挨着的矩形组成,其权重在各行之间交替排列:–1、1 和 1、–1。这些基本过滤器如图 6-6 所示。使用这种简单过滤器的原因是:它们可以很容易构建和应用;它们的使用涉及最少的计算。

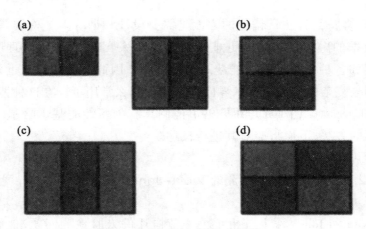

图 6-6　典型的 Haar 滤波器

（a）基本二元微分边缘检测器类型滤波器。（b）在垂直方向上工作的二元差分边缘检测器。（c）三元一维拉普拉斯滤波器。（d）四元 Roberts 交叉型滤波器。如果浅色区域和深色区域的权重分别为 +1 和 -1，那么滤波器的和为 0，尽管在图（c）中，深色区域必须被赋予双倍的权重

在 Viola 和 Jones 的研究中，用于训练的人脸图像的大小为 24×24 像素，并且假设相关特征可能出现在每个图像中的任何位置。此外，相关特征可能在此区域内具有任何大小。他们提出了这样的想法，即每个特征可以以任何尺寸大小出现在图像中的任何位置，并且它们的区分能力应该在训练时确定。

考虑由一个封闭矩形定义的一般的 Haar 滤波器，计算这些滤波器的总数很简单。首先，滤波器的垂直边界可以以 $^{25}C_2 = 300$ 种方式选择，水平边界类似，这使得所考虑的特征总数为 $300^2 = 90000$。然而，如果这些特征是内部不对称的，如包含两个相反权重的水平相邻矩形，则原则上特征总数会是这个数字的两倍，即 180000。实际上，内部结构也会限制可能性的数量，因为矩形的总宽度（如最后一种情况）必须包含偶数个像素，从而导致这种类型的特征的总数为 $6 \times 24 \times 300 = 43200$，或者，包括水平和垂直相邻的矩形，总共 86400 个特征。显然，如果我们添加三重和四重矩形特征的数量以及所有其他可能的组合，总数将接近 Viola 和 Jones 引用的总数 180000。这是一个非常大的数字，远远超过大小为 24×24 的图像的完整基本函数所需的数量（$24^2 = 576$），即它是多次"过度完成"。然而，我们所需要的是一组特征，它们很容易足以准

确而简洁地描述实际中可能出现的所有人脸。

　　当然，在实际的人脸检测器中不可能包含如此大量的特征。尽管如此，在训练期间还需要对其中很大一部分进行测试，以便制作出精确、快速操作的人脸检测器。

　　VJ 采用的方法是使用基于 Adaboost 的增强分类器，其中每个特征将作为弱分类器。这些弱分类器（特征）中的大部分将被证明是无效的并且将被遗弃，而那些被保留的将被分配最优阈值和给出滤波器符号的等价值（即应该用哪种方式应用滤波器）。在每个阶段，选择的弱分类器将会给出面部和非面部之间的最好区分。请注意，与上述的训练集由面部图像组成相反，它还必须包含许多不包含人脸的图片。在 VJ 情况下，共有 4916 张人脸图像，以及它们的垂直镜像图像，总共 9832 张图像和10000 张相同大小的非人脸图像。正确使用后者对于训练分类器以消除误检是必不可少的。

　　使 VJ 检测器快速运行的因素之一是，它在每个阶段消除很多负子窗口，同时保留几乎所有的正例。这意味着假阴性率保持接近于零。事实上，这种情况会逐渐发生，更简单的操作更快的分类器消除了大部分子窗口，将其留给稍后更复杂的分类器以逐渐降低误报率。整体过程可以被描述为分类器的级联（图 6-7）：序列中的每个分类器消除负子窗口，但实际上是指导保留并传递所有正子窗口。这样的顺序处理存在风险，因为一旦正的子窗口被遗弃，它就不能被恢复，并且错误率必然上升。由 VJ 检测器获得的整个分类器包含 38 层，总共包含 6061 个特征。实际上，前五层分别包含 1、10、25、25 和 50 个特征，这反映了级联阶段日益复杂的情况。

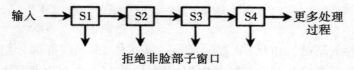

图 6-7　Viola–Jones 级联探测器

　　这张图只显示了前四个阶段 S1~S4。所有的子窗口流进输入端，非类脸子窗口被过滤，其余的进行进一步处理。完整的检测器包含 38 个阶段。到最后，所有的窗口看起来都很像人脸，尽管实际上精确有多少假阳性和假阴性取决于训练的质量。

使 VJ 检测器更加快速高效的另一个因素是使用积分图像方法来处理每个特征。Haar 滤波器全部由矩形组成,这使得积分图像方法成为一种特别自然的方式。事实上,矩形 Haar 滤波器并不是特别理想的特征检测器。但是,当使用积分图像方法时,该过程非常快,以至于许多类似的特征可以高效地添加,并且它们的输出最优地组合在一起,轻松地克服单个过滤器最优性的任何损失。无论如何,应该记住的是,Haar 特征形成了一个(完整的)基础集合,保证能够生成所有可能的形状。

总体而言,VJ 检测器比之前最好的检测器快了约 15 倍,并且有所突破,而之前从未想到有这种可能性的发生。事实上,它为更多的不依赖于传统视觉算法设计的基于学习的系统设定了场景,虽然它更依赖于构建专门用于训练的数据集。有趣的是,在设计的早期就避免了形状、颜色和肤色分析,只利用纯灰度处理和强度分布分析是有益的,尽管最终它肯定是局限性的,特别是如果涉及识别而不仅仅是检测时。最后,将 VJ 检测器与前一节中介绍的简单采样检测器进行比较。两种方法都可以找到图像中的所有脸,但是采样检测器有两个 VJ 检测器没有的缺陷:一个是它更容易误检,因为它没有关于眼睛区域相对较暗的附加信息;另一个是,出于同样的原因,它有时会将框偏向脸上有较大肤色斑点的位置,而不是确保眼睛都出现在最后的方框中——事实上,这个问题只发生在脸在平面内旋转(即偏头)的情况下。

6.3 虹膜识别

人的眼睛结构由巩膜、虹膜、瞳孔、晶状体、视网膜等部分组成。虹膜是位于黑色瞳孔和白色巩膜之间的圆环状部分,其包含有很多相互交错的斑点、细丝、冠状、条纹、隐窝等的细节特征,结构比指纹复杂千倍。虹膜在胎儿发育阶段形成后,在整个生命过程中保持不变。与指纹不同,一个虹膜约有 266 个量化特征点,在算法和人类眼部特征允许的情况下,算法可获得 173 个二进制自由度的独立特征点,因此,虹膜的误识率为 1/1500000,精确度仅次于 DNA 识别。

6.3.1 虹膜识别技术原理

虹膜识别技术(图 6-8)最早使用在 1985 年,当时巴黎监狱仅利用虹膜的结构和颜色区分监狱中的犯人。1993 年,Daugman 提出了最初的虹膜理论框架和算法。在此基础上经过改进后,框架主要包括四个部分:采集、预处理、特征提取和匹配。虹膜识别的主要步骤如图 6-9 所示,图中虚线部分指的是可选步骤。

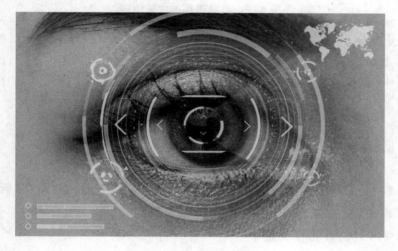

图 6-8　虹膜识别

这个框架与指纹识别框架类似,但获取的是虹膜图像,预处理时需要虹膜定位,以确定内圆、外圆和二次曲线在图像中的位置。其中,内圆为虹膜与瞳孔的边界,外圆为虹膜与巩膜的边界,二次曲线为虹膜与上、下眼皮的边界。其次是归一化处理,这是因为不同人的虹膜大小不同;同一虹膜的大小会随着瞳孔大小的改变而改变,随着外界光照的变化,瞳孔会扩张或收缩;采集图像时,眼睛与采集设备间的距离直接影响瞳孔成像的大小。虹膜的这种弹性变化会影响识别的效果,归一化的目的是纠正这些缩放失真。

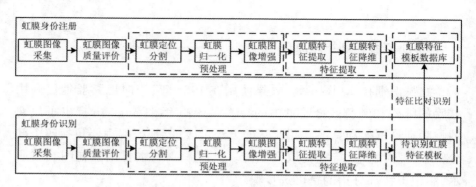

图 6-9　虹膜识别的主要步骤

中科院模式识别国家实验室构建的 CASIA 虹膜图像数据库已成为国际上最大规模的虹膜共享库。据官方报道，早在 2009 年 9 月，已有 70 个国家和地区的 2000 多个研究机构申请使用，其中国外单位 1700 多个。

6.3.2 虹膜识别算法

首先，用专门的摄像机在不超过 3 英尺的距离上定位虹膜，然后，摄像机再确定虹膜左右两侧的外边界，由于眼睑的影响，上下侧的部分虹膜会免于计算在特征矢量中。

单色摄像机使用可见光或 700 ~ 900mm 红外光，在定位虹膜后用 2 维 Gabor 小波将虹膜过滤并分割为几百个矢量（称为相位复数矢量）。不同 size 的小波对选定的小区域指定一个根据其方向与频率计算得到该小区域的特征标志（形象地称为 what），连同该小区域所在的位置（形象地称为 where）构成虹膜编码，即全部 what 和 where 构成了该虹膜的编码。并非全部虹膜均用于编码，顶部的一部分和底部的一个 45° 区域的虹膜未用于编码以避免眼睑和光反射的影响。

虹膜编码是应用 2 维 Gabor 小波变换技术将虹膜的结构分解为相位复数矢量，相位角被量化为虹膜编码每一位的量值。这一过程以极化坐标系统实现，以使计算结果与虹膜的大小无关，从而不受虹膜成像距离的影响，也与虹膜内瞳孔的大小无关。

解调制的 Gabor 小波与窗口大小、方向以及 2 个位置坐标这四个参数相关。窗口大小定为 8 个级别，以对比不同窗口大小时的虹膜结构。

由于虹膜特征的抽取是以相位为基础的,所以受摄像机成像对比度、倍率以及光线亮度等因素的影响较小,而且所形成的特征编码很短,仅256字节。

用虹膜编码区分不同人的虹膜是基于失败性测试的统计不相关性,即任何一个给定的虹膜编码,从统计上可以保证它不同于另一个眼球的虹膜编码。

6.4 指静脉识别

科学研究证据表明所有人的静脉都不一样,既然这样我们就可以利用静脉来对各个不同的人进行识别,静脉识别也就成为自动识别技术中的一种。

静脉识别技术也是通过红外线摄像机采集稳定的静脉图作为数据仓库,当需要识别时利用静脉图采集器收集静脉图并通过与预先收集好的静脉图做比较来达到识别的目的。

6.4.1 手指静脉识别技术原理

静脉识别系统就是首先通过静脉识别仪取得个人静脉分布图,从静脉分布图依据专用比对算法提取特征值,通过红外线 CCD 摄像头获取手背静脉的图像,将静脉的数字图像存储在计算机系统中,将特征值存储。静脉比对时,实时采取静脉图,提取特征值,运用先进的滤波、图像二值化、细化手段对数字图像提取特征,同存储在主机中静脉特征值比对,采用复杂的匹配算法对静脉特征进行匹配,从而对个人进行身份鉴定,确认身份。全过程采用非接触式,如图 6-10 所示。

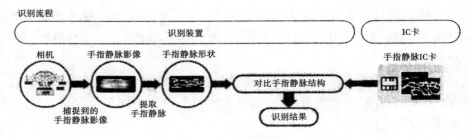

图 6-10　手指静脉识别流程图

6.4.2 手指静脉识别技术产品

（1）手指静脉扫描仪。

扫描仪为分析静脉结构所进行的工作，与医院中进行的静脉扫描测试完全不同。医用静脉扫描通常使用放射性粒子，而生物识别安全扫描只是使用一种与遥控器发出的光线相类似的光线。

（2）配备手指静脉识别的 ATM 自动提款机。

当人们将自己的手指按在自动取款机的某个指定区域时，指纹扫描仪附带的传感器会马上获得感知，扫描仪会从不同方向向手指发出类似红外线的光束，人们的手指指纹在这些光束的照射下会在机器中形成一个三维图像。随后，扫描仪附带的一个摄像机镜头会拍摄下这个图像，并将其转变成可供与数据库信息进行比对的数据资料。如果通过比对，人们可以自动进入接下去的银行交易程序，如图 6-11 所示。

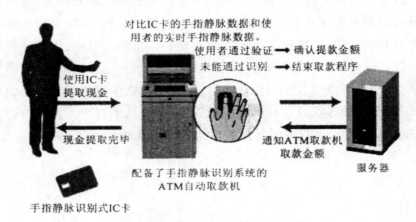

图 6-11　配备了手指静脉识别系统的 ATM 自动提款机

（3）门禁。

手指静脉识别系统可以防止泄露公司信息，并可阻止未能通过识别的人员进入家中或办公楼内。这种系统还可与公司员工卡或防盗监视器配合使用，以便实施多重安全性能控制。如图 6-12 所示，控制人员进入居民或公司员工需要先注册自己的手指静脉生物统计学数据，创建用于获得进入安装有手指静脉识别终端设备的公寓、办公室或其他公共场所的入场识别 ID 号码的相关资料。

图 6-12　手指静脉识别门禁

6.5　声纹识别

声纹（Voice Print）是用电声学仪器显示的携带言语信息的声波频谱。声纹识别（Voiceprint Recognition，VPR），也称说话人识别，就是根据人的声音特征，识别出某段语音是谁说的。

一般的声纹识别过程如图 6-13 所示。

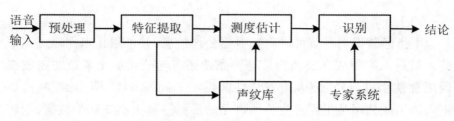

图6-13　声纹识别的一般过程结论

6.5.1 声纹识别原理

6.5.1.1 声纹特征提取

声纹特征提取即提取声音信号中表征人的基本特征,该特征能有效地区分不同的说话人,且对同一说话人的变化保持相对稳定。考虑特征的可量化性、训练样本的数量和声纹识别系统性能的评价问题。目前主要对较低层次的声学特征进行识别。说话人特征大体归为以下几类:

(1)基音轮廓、共振峰频率带宽及其轨迹。

基于发声器官生理结构提取的特征参数。

(2)谱包络参数。

声音通过滤波器组输出,并以合适的速率对输出抽样作为声纹识别特征。

(3)听觉特性参数。

模拟人耳对声音频率感知特性而提出的,如美倒谱系数、感知线性预测等。

(4)线性预测系数。

线性预测与声道参数模型相符合,由它导出的各种参数,如反射系数、自相关系数、线性预测系数等作为识别特征,效果较好。

6.5.1.2 声纹模式匹配

(1)矢量量化。

通过把每个人的特定文本编成码本,识别时将测试文本按此码本进行编码,以量化产生的失真度作为判决标准。其识别精度较高,判断速度较快。

（2）概率统计。

考虑到短时间声音信息相对平稳,通过对稳态特征如基音、声门增益、低对反射系数的统计分析,利用均值、方差等统计量和概率密度函数进行判决。

（3）动态时间规整。

说话人声音信息既有稳定的因素如发声习惯、发声器官结构,又有时变的因素如语速、语调、重音、韵律等。将识别模板与参考模板进行时间对比,并按照某种距离测定得出两模板间的相似程度。

（4）人工神经网络。

这种分布式并行处理结构的网络模型在某种程度上模拟生物感知特性,具有自组织和自学习能力、很强的复杂分类边界区分能力,及对不完全信息的鲁棒性,其性能近似理想的分类器。

（5）隐马尔可夫模型。

它把声音看成由可观察到的符号序列组成的随机过程,该序列是发声系统状态序列的输出。识别时,为每个说话人建立发声模型,通过训练得到状态转移概率矩阵和符号输出概率矩阵。

6.5.2 声纹识别产品

6.5.2.1 声纹加密锁

声纹加密锁（Voice Key）是国内首创的 USB 接口的新型电脑安全产品,是对电脑系统进行加密保护的数据安全系统。它符合国家安全标准,对文件的加密、解密操作及其简便。应用了声纹识别技术,声纹加密锁插入电脑 USB 接口后,用户只需对着话筒口述命令,即能马上验明用户身份,让合法用户顺利进入而拒绝非法用户的使用,从而免去了用户记忆一大串密码的烦恼,不怕密码泄露,还能非常可靠地防止因为声纹加密锁被盗而失密。

6.5.2.2 声纹识别引擎

声纹识别引擎（d-Ear VPR）包括声纹辨认版本和声纹确认版本,可以是文本无关的,也可以是文本相关的,而且均支持开集的识别方式。其中文本无关的版本同时具有文本和语言的无关性,对语音长度的要求也非常低,通常训练只需要几十秒有效语音,而识别阶段只需几秒钟的有效语音即可。有很高的识别精度,也可以灵活地调整操作点参数,从而适应于不同应用的需求。

声纹识别引擎具备以下技术特征。

(1)对声纹的识别与所说的文本和语言无关性。

用户训练系统和系统对用户的声音进行鉴别和确认,可以是完全不同的文本,完全不同的语言。比如,用户在系统注册声音时,可以使用中文说一段文学章节,而识别时用户可以用英文谈论计算机的发展方向。

(2)对语音长度没有特殊要求。

训练语音最长 8s,使用时的测试语音 2 ~ 4s,并可不断累积调整声纹模型精度;用户训练系统,让其记住其声纹,只需要几秒钟的声音;而在识别时,系统只要获得被测试人几秒钟的声音,就可以进行声纹识别。

(3)很高的精度。

d-Ear VPR 技术的辨认和确认准确度都很高,说话人辨认的正确率不小于 99%;说话人确认的误识率和误拒率均低于 1%。

(4)识别速度快,能确保实时识别。

声纹识别引擎具有 10 倍以上的实时率,可多路并发识别,即 10s 的语音片断,引擎 1s 内就可以处理完成。

(5)操作点调整方便。

根据"准确率 + 不确定率 + 错误率 =100%",可按不同的应用需求调整操作点阈值,使最终准确率达到最高或使错误率降到最低。

6.6 步态识别

生物的行为特征是后天培养的一种行为习惯,它不同于生理特征的身份识别技术,后者需要在一个相对近距离的范围内才能完成识别过程,而前者具有非接触性、非入侵性和隐蔽性的特点。同时,生物的行为特征具有唯一性、稳定性，且不易伪装的特点，因此，基于行为特征的身份识别方法已成为生物特征识别的重要分支。

步态识别是利用生物（包括人）行走时的方式来识别个体的身份。研究表明，由于人们的肌肉力量、肌腱和骨骼长度、骨骼密度、视觉的灵敏程度、协调能力、经历、体重、重心、肌肉或骨骼受损的程度、生理条件以及个人走路的"风格"等方面存在细微差异，因此，没有完全相同的步态，而且伪造走路的姿势非常困难，几乎是不可能的。

与人脸识别类似，步态识别分四个步骤：采集步态视频序列，视频序列预处理，步态特征提取，匹配与识别。

（1）采集步态视频序列。

与人脸图像采集不同，步态图像是一段人行走时的视频流，它利用监控摄像机的检测与跟踪获得步态的视频序列，其数据量较大，计算的复杂度较高，处理比较困难。

（2）视频序列预处理。

视频预处理主要包含运动检测和运动分割。其目的是从视频序列中提取运动目标，即步态轮廓区域，其工作包括背景建模、前景检测和形态学后处理。它是运动目标分类、跟踪、行为分析和理解的基础。在实际应用中，由于光照、影子、背景扰动等因素对分割运动区域会造成一定的影响。常用的方法有：背景估计法、帧间差分法和基于运动场估计（如光流法、块匹配等）。

（3）步态特征提取。

步态特征主要分为两大类：人体结构特征和运动行为特征。前者反映了人体的几何特性，如身高和体形；后者主要指行走时的肢体运动参数的变化。步态特征提取的方法主要有基于模型的方法和基于非模型的方法。基于模型的方法是将人体结构或者人体运动用合适的模型表达，利用二维图像序列数据与模型数据进行匹配以获取特征参数。对于人体结构模型，可以通过序列图像的每帧与模型匹配以获取可变形模板的参数（如角度、轨迹信息）。对于人体运动模型，则通过学习个体的运动参数来识别个人。基于模型的方法包括：椭圆模型、钟摆模型和骨架图模型。基于非模型的方法是通过位置、速度、形状和色彩等相关特征的预测或估计来建立相邻帧间的关系。

（4）匹配与识别。

采用适当的方法将待识别的步态与步态数据库中的步态样本特征进行匹配，通过一定的判别依据判断它所属的类别。其方法主要有两类：模板匹配法，如动态时间规整法等；统计方法，如隐马尔可夫模型算法等。

尽管步态识别技术是一个非常有前途的身份识别技术，但目前还存在很多的难点，主要表现在行人在行走过程中会受到外在环境和自身因素的影响（如不同行走路面、不同时间、不同视角、不同服饰、不同携带物等因素），导致提取到的步态特征呈现很强的类内变化，其中视角因素是影响识别性能主要的因素之一。当行人行走方向发生变化，或由一个摄像监控区域转入另一个不同位置的摄像监控区域时，都会发生视角变化。

第 7 章

知识图谱

我们在了解人工智能的定义时,就有观点指出,人工智能的研究目标是用机器来模仿和执行人脑的某些智力功能。而这些智力功能涉及学习、感知、思考、识别、判断、推理、设计、规划、行动等。对人工智能来说,知识是最重要的组成部分。因为人类的智能活动过程主要是一个获取并运用知识的过程,知识是智能的基础。

　　知识图谱可用于反欺诈、不一致性验证、反组团欺诈等公共安全保障领域,需要用到异常分析、静态分析、动态分析等数据挖掘方法。特别地,知识图谱在搜索引擎、可视化展示和精准营销方面有很大的优势,已成为业界的热门工具。但是,知识图谱的发展还面临很大的挑战,如数据的噪声问题,即数据本身有错误或者数据存在冗余。随着知识图谱应用的不断深入,还有一系列关键技术需要突破。

　　本章首先介绍概念表示的理论和内容,然后介绍知识表示的概念和目前人工智能中应用比较广泛的知识表示方法:一阶谓词逻辑、产生式、语义网络等表示方法;再者,介绍知识图谱的定义、基本概念和技术流程;最后介绍知识推理。

7.1 概念表示

7.1.1 概念理论

概念（concept）是人类在认识过程中，从感性认识上升到理性认识，把所感知的事物的共同本质特点抽象出来，加以概括，是自我认知意识的一种表达，形成概念式思维惯性。经典概念通常由三部分组成：概念名及概念的内涵和外延，即其含义和适用范围。

经典概念大多隶属于科学概念，如奇数。奇数的概念名为奇数，奇数的内涵表示为如下命题：奇数指不能被 2 整除的数，数学表达形式为：$2k+1$，奇数可以分为正奇数和负奇数。奇数的外延表示为经典集合正奇数 $\{1,3,5,7,\cdots\}$，负奇数 $\{-1,-3,-5,-7,\cdots\}$。

7.1.2 概念的表示理论

概念的经典理论假设是概念的内涵表示由一个命题表示，外延表示由一个经典集合表示。但是对于自然界和现实生活中使用的概念，这个假设比较难成立，如常见的概念美、丑、人等概念很难给出其内涵表示和外延表示。而且命题的真假与对象是否属于某个经典集合都是二值假设，即非 0 即 1，但是现实生活中的很多事情难以用这种方法表示。目前认为所有的概念都存在经典的内涵表示（命题表示），这种假设是不正确的。但是概念的内涵表示在没有发现时，该概念就不能被正确使用。认知科学家提出一些新的概念表示理论，如原型理论、样例理论和知识理论。

原型理论认为一个概念可以由一个原型来表示，一个原型既可以是一个实际的或者虚拟的对象样例，也可以是一个假设性的图例。通常原型为概念的最理想的代表。如"科学家"这个概念很难由一个命题表示，但是科学家通常用爱因斯坦来表示，则爱因斯坦是科学家的原型。在原型理论里,同一个概念中的对象对于概念的隶属度并不都是 1,会根据其与原型的相似度而变化。现实生活中这类概念很多,如美、丑、疼痛等,这些概念的边界并不清晰,严格意义上其边界是模糊的。现代提出模糊集合的概念,与经典集合的最大区别在于:对象属于集合的特征函数不再是非 0 即 1,而是一个介于 0 和 1 的实数。

7.2　知识表示

　　知识表示方法是把自然界的知识表达成机器可以理解的形式,它是人工智能中一项最底层、最基础的技术,决定着人工智能进行知识学习的方式。各种以知识和符号操作为基础的智能系统,必须先用某种方法或某几种方法集成来表示问题。

　　人工智能是基于知识求解有趣的问题,做出明智决策的计算机程序。在本节中,将描述几种常用的知识表示方法,供读者在人工智能系统的研究和应用中参考使用。

7.2.1 知识的概念

　　人类的智能活动过程主要是一个获取并运用知识的过程。知识是智能的基础。那么,什么是知识就对研究知识表示十分重要了。

　　知识是人类在实践中认识客观世界的成果,包括事实、信息的描述或在教育和实践中获得的技能。实践中获得的信息关联在一起,形成了知识,即把相关的信息关联在一起形成结构化的信息结构称为知识。知识由一个完整体系组成,包括对象、事实、规则和元知识四个层次,如图7-1 所示。

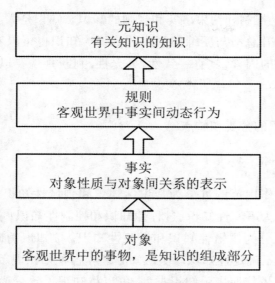

图 7-1　知识的层次结构图

（1）对象。

对象是客观世界中的事物,如人类、树木等。对象并不组成完整的认识和经验,因此它并不是知识,而是知识的一个组成部分,在知识构成中起到核心作用。对象是知识的最基本与关键组成部分。

（2）事实。

事实是关于对象性质和对象间关系的表示。事实是一种知识,表示的是一种静态的知识。在知识体系中,事实属于最底层、最基础的知识,如地球围绕太阳进行公转,表示对象"地球"和"太阳"的关系。

（3）规则。

规则是客观世界中事实之间的动态行为。规则是知识,反映了知识之间与动作相联系的知识,也称为推理。事实之间的关联有多种形式,用得最多的一种是"如果……则……"表示的形式。例如,如果咳嗽并且流鼻涕,则有可能患感冒。

（4）元知识。

元知识是有关知识的知识。元知识是知识体系中最顶层的知识,表示的是控制性知识和使用性知识,如规则使用的知识、事实间约束性知识等。

上述四个知识层次,对象是最基础的,事实由对象组成,规则由事实组成,元知识是控制和约束事实和规则的知识。知识是人类从各个途径获得的经过提升总结与凝练的系统的认识。知识也可以看成构成人类智慧的最根本的因素,具有一致性、公允性,判断真伪要以逻辑,而非主观为立场。

7.2.2 知识的分类和特点

7.2.2.1 知识的分类

按知识的作用范围可分为常识性知识和领域性知识;按知识的作用及表示可分为事实性知识、过程性知识和控制性知识;按知识的结构和表示形式可分为逻辑性知识和形象性知识;按知识的确定性可分为确定性知识和不确定性知识。由认知心理和各种知识表示技术,以及将这些技术能够最佳地表示知识类型,可以将知识大致分为陈述性知识、过程性知识、元知识、启发性知识和结构性知识,见表 7-1。

表 7-1　知识的类型

知识类型	具体内容	知识类型	具体内容
陈述性知识	对象,概念,事实	启发性知识	浅知识,经验法则
过程性知识	规则,策略,过程	结构性知识	规则级,概念关系,对象关系的概念
元知识	有关知识的知识		

①陈述性知识:描述客观事物的性状等静态信息,主要分为事物、概念、命题三个层次。其中事物指特定事或物;概念反映了客观事物的一般的、本质的特征,如首都、学校、家庭、工作等;在逻辑学中,一般把判断某一件事情的陈述句叫作命题,命题是指一个陈述(称为判断)实际表达的概念(称为语义),如"大熊猫是动物""橘子是水果"等。命题有非概括性命题和概括性命题,非概括性命题表示特定事物之间的关系,概括性命题描述概念之间的普遍关系。

②过程性知识:描述问题如何求解等动态信息,可以分为规则和控制结构两种类型,其中规则描述事物的因果关系,控制结构描述问题的求解步骤。

③启发性知识:描述引导推理过程的经验法则,启发性知识常称为浅知识,是经验性的,并且表示专家通过以往问题求解的经验编译

知识。

④结构性知识：描述知识的结构。这类知识描述专家对此问题的整体智力模型,由概念、子概念和对象组成。

7.2.2.2 知识的特点

知识的特点包括：相对正确性,不确定性,可表示性和可利用性。

（1）相对正确性。

知识是人类在实践中认识客观世界的成果,并且受到长期实践的检验。在一定的条件和环境下,知识是正确的。一定条件和环境的条件是必不可少的,是知识正确性的前提。

（2）不确定性。

不确定性是客观世界的重要特点,是指客观事物在发展与联系的过程中,存在无序的,或然的,未知的,近似的属性。由于信息的产生及其传播的过程条件不同,不确定信息的表现会有不同的特征。结合化的信息组成知识,知识具有不确定性的特点。引起知识不确定性的有：随机性,模糊性,经验性,不完全性。

①由随机性引起的不确定性。在随机现象中,事件结果是确定的,由于偶然因素干扰,使得几种确定结果呈或然性出现。

②由模糊性引起的不确定性。因为事物的复杂性,事物的自身概念外延不明确。如患者以主诉胸痛就诊,疼痛的程度就是模糊性的。

③由经验性引起的不确定性。知识一般是由领域专家提供的,比如临床医师在长期的临床实践中积累了大量症状和体征到临床诊断的联系和相关知识,并且得到大量的验证。尽管领域专家以前多次运用这些知识取得成功,但是不能保证每次都能成功。尽管领域专家能够熟练地运用这些知识,正确地解决领域内的相关问题,但是让专家精确地表述出来却是相当困难的。

④由不完全性引起的不确定性。

认识上的不完全、不准确必然导致相应的知识不精确和不确定性。

（3）可表示性和可利用性。

知识的可表示性是指知识可以用适当的形式表示出来,如文字、图像、语言等,这样知识可以被存储和传播。知识的可利用性是指知识可以被利用,有不同的适用场景。

7.2.3 知识表示的概念

人类在交流、分享、记录、处理和应用各种知识的过程中,发明了丰富的表达方法,如语言文字、图片、数学公式、物理定理、化学式等。但若利用计算机对知识进行处理,就需要寻找计算机易于处理的方法和技术,对知识进行形式化描述和表示,这类方法和技术称为知识表示。

对于知识表示,我们需要研究可行的、有效的、通用的原则和方法,以使知识表示形式化,从而方便计算机对知识进行存储和处理。

在人工智能领域已经发展了许多种知识表示方法,常用的有一阶谓词逻辑、产生式、框架、状态空间、人工神经网络、语义网、遗传编码等。知识表示方法的选择需根据知识的作用范围、知识的组织形式、知识的利用程度、知识的理解和实现。

知识表示应该注意以下几个问题。

(1)合适性。所采用的知识表示方法应该恰好适合问题的处理和求解,即表示方法不能过于简单,而导致不能胜任问题的求解;也不宜过于复杂,而导致处理过程需要做大量的无用功。

(2)高效性。求解算法对所用的知识表示方法应该是高效的,对知识的检索也应该能保证是高效的。

(3)可理解性。在既定的知识表示方法下,知识易于为用户所理解,或者易于转化为自然语言。

(4)无二义性。知识所表示的结果应该是唯一的,对用户来说是无二义性的。

7.2.4 一阶谓词逻辑表示法

逻辑表示法是一种叙述性知识表示方法,以谓词形式来表示动作的主体、客体。一阶谓词逻辑(First-order Predicate Logic)是一种比较常见的知识表示法,可以表示事物的状态、属性、概念等事实性知识,也可以表示事物间具有确定关系的规则性知识。

在谓词逻辑中,命题是用谓词来表示的。谓词的一般形式$P(x_1, x_2, \cdots x_n)$,其中P是谓词名称,$x_1, x_2, \cdots x_n$是个体。

例如,要表示"李梅是学生"这样一个事实性的知识,用谓词逻辑可表示为 student(Limei),这里的 student 就是谓词名称,Limei 就是个体。由于在 $P(x_1, x_2, \cdots x_n)$ 中,$x_i (i = 1, \cdots, n)$ 都是单个的个体常量,所以称为一阶谓词。

对于事实性知识,可以用逻辑符号表示,例如,用"¬"表示"非",用"∧"表示"与",用"∨"表示"或";对于规则性知识,可以用蕴涵(→)式表示,例如,"如果 x,则 y"就可以表示为"x → y"。

用谓词公式表示知识的一般步骤为:

(1)定义谓词和个体,确定每个谓词和个体的确切含义。

(2)为每个谓词中的个体赋予特定的值。

(3)根据要表达的知识的语义用连接符号连接相应的谓词,形成谓词公式。

例 7-1 用一阶谓词逻辑表示事实性知识:小李是我的室友,他不喜欢打扫卫生。

第一步,定义谓词:

Roommate (x): x 是我的室友

Like (x, y): x 喜欢 y

第二步,用 XiaoLi, cleaning 为个体 x, y 赋值。

第三步,用谓词公式表示:

Roommate (XiaoLi) ∧ ¬ Like (XiaoLi, cleaning)

例 7-2 用一阶谓词逻辑表示事实性知识:公交车上设有老弱病残孕专座。

第一步,定义谓词:

Priority (x): x 表示可优先享受专座

elderly (x): x 是老人

infirm (x): x 是虚弱的人

sick (x): x 是病人

disabled (x): x 是残疾人

pregnant (x): x 是孕妇

第二步,用 eldery(x),infirm(x),sick(x),disabled(x),pregant(x) 分别为 Priority (x)中的 x 赋值。

第三步,用谓词公式表示:

Priority（elderly（x））∨ Priority（infirm（x））∨ Priority（sick（x））∨

Priority（disabled（x））∨ Priority（pregnant（x））

例 7-3　用一阶谓词逻辑表示事实性知识:张先生是李先生的代理人。

第一步,定义谓词:

Agent（x,y）:x 是 y 的代理人

第二步,用 Zhang,Li 为 x,y 赋值。

第三步,用谓词公式表示:

Agent（Zhang,Li）

例 7-4　用一阶谓词逻辑表示规则性知识:如果小明上午 9:00 才到学校,他一定迟到了。

第一步,定义谓词:

Nine（x）:x 表示 9:00 到学校

Late（x）:x 表示迟到了

第二步,用 XiaoMing 为 x 赋值。

第三步,用谓词公式表示:

Nine（XiaoMing）→ Late（XiaoMing）

7.2.5 产生式规则表示法

产生式规则（production rule）是专家系统中最常用的一种知识表示法,主要用在条件、因果等类型的判断中对知识进行表示。

产生式规则的基本形式是 P → Q,或者是 if P then Q。其中,P 为产生式的前提,用于指出该产生式的条件,可以用谓词公式、关系表达式和真值函数表示;Q 是一组结论或操作,用于指出如果前提 P 所表示的条件被满足,应该得出什么结论或执行何种操作。

产生式规则的 P → Q 与谓词逻辑中的蕴涵式 x → y 看似相同,实际上两者是有区别的。产生式规则的 P → Q 既可以表示精确性知识,即如果 P,则肯定会是 Q,又可以表示有一定发生概率的知识,即如果 P,则很可能是 Q。而谓词逻辑中的蕴涵式 x → y 只能表示精确的规则性

知识,即如果 x,则肯定会是 y。

例 7-5 用产生式规则表示:有了大家的支持,我一定能成功。

可表示为

if "大家支持" then "我一定能成功"

或表示为

"大家支持" → "我一定能成功"

例 7-6 用产生式规则表示:熊猫是一种动物,它具有黑白相间的毛发,憨态可掬,爱吃竹子。

可表示为

if "是动物" and "毛发黑白相间" and "憨态可掬" and "爱吃竹子" then "是熊猫"

或表示为

"是动物" ∧ "毛发黑白相间" ∧ "憨态可掬" ∧ "爱吃竹子" → "是熊猫"

例 7-7 用产生式规则表示:如果 x ≥ y,y=z,则 x ≥ z。

可表示为

if x ≥ y and y=z, then x ≥ z

或表示为

x ≥ y ∧ y=z → x ≥ z

一个产生式生成的结论可以供另一个产生式作为已知事实使用,这样一组产生式就可以互相配合起来解决问题,从而构成一个产生式系统。

7.2.6 语义网络表示法

语义网络(semantic network)是知识表示中的重要方法之一,这种方法不但表达能力强,而且自然灵活。

语义网络利用有向图描述事件、概念、状况、动作及实体之间的关系。这种有向图由节点和带标记的边组成,节点表示实体(entity)、实体属性(attribute)、概念、事件、状况和动作,带标记的边则描述节点之间的关系(relationship)。语义网络由很多最基本的语义单元构成,语义单元可以表示为一个三元组(节点 1,弧,节点 2),例如 <x, R, y>,x 代表节点 1，y 代表节点 2，R 代表节点 1 到节点 2 的关系，如图 7-2 所示。

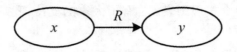

图 7-2　语义基元的三元组结构

当把多个语义基元用相应的语义联系关联在一起的时候，就形成了一个语义网络。例如，表示"一切教师都是教职员"，如图 7-3 所示。

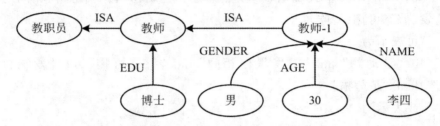

图 7-3　事物特征的语义网络表示

7.3　知识图谱的构建

互联网的发展带来网络数据内容的爆炸式增长，给人们有效获取信息和知识提出了挑战。

知识图谱是用节点和关系所组成的图谱，为真实世界的各个场景直观地建模，运用图这种基础性、通用性的结构，能够比较真实地表达现实世界事物及其各种关系，并且非常直观、自然、直接和高效，不需要中间过程的转换和处理。

知识图谱由节点和边组成，节点可以是实体，也可以是抽象的概念；边是实体的属性或实体之间的关系。巨量的边和节点构成一张巨大的语义网络图。

看到这里，很容易想到一个问题：从组成结构上看，知识图谱似乎有点语义网络的影子！实际上，知识图谱的确不是横空出世的新技术，而是历史上很多相关技术相互影响和继承发展的结果。除了有语义网络等技术的影子外,知识图谱的产生和演化主要归功于一种称为 Semantic Web(语义网)的技术。Semantic Web 与 Semantic Network(语义网络,或简称语义网)经常会被混淆,注意区分。

众所周知,万维网(Word Wide Web)是蒂姆·伯纳斯·李(Tim Bemers-Lee)于 1989 年提出来的全球化网页链接系统。在 Web 的基础上,Tim Berners-Lee 又于 1998 年提出 Semantic Web 的概念,将网页互联拓展为实体和概念的互联。

Semantic Web 问世后,很快出现了一大批著名的语义知识库:谷歌的"知识图谱"搜索引擎,其强大能力来自谷歌的共享数据库 Freebase;以 IBM 创始人托马斯·沃森命名的超级计算机沃森,其回答问题的强大能力得益于后端知识库 DBpedia 和 Yago;以及世界最大的开放知识库 Wikidata,等等。因此,维基百科的官方词条称:知识图谱是谷歌用于增强其搜索引擎功能的知识库。目前,知识图谱已被用来泛指各种大规模的语义知识库。

从网页的链接到数据的链接,技术正在逐步朝向 Web 之父 Bermers-Lee 设想中的语义网络演变。除了应用于提升搜索引擎的能力外,知识图谱技术正在语义搜索、智能问答、辅助语言理解、辅助大数据分析、推荐计算、物联网设备互联、可解释型人工智能等领域寻找用武之地,其核心是以图形的方式向用户返回经过加工和推理的知识,以实现智能化语义检索。

7.3.1 知识图谱的基本概念

知识图谱中的最小单元是三元组,主要包括"实体 – 关系 – 实体"和"实体 – 属性 – 属性值"等形式。每个属性 – 属性值对(Attribute-Value Pair, AVP)都可用来刻画实体的内在特性,而关系可用来连接两个实体,刻画它们之间的关联。图 7-4 给出了一个知识图谱的例子,其中,中国是一个实体,北京是一个实体,"中国 – 首都 – 北京"是一个(实体 – 关系 – 实体)的三元组样例;北京是一个实体,人口是一种属性,2153.6 万是属性值,"北京 – 人口 –2153.6 万"构成一个(实体 – 属性 – 属性值)的三元组样例。

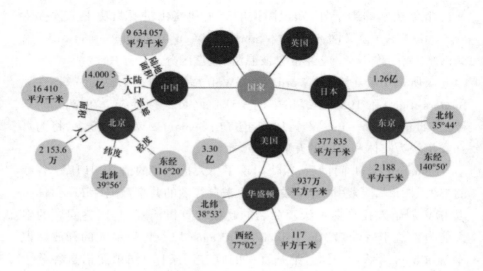

图 7-4　基于三元组的知识图谱

实体：世界万物均由具体事物组成，这些独立存在的且具有可区别性的事物就是实体，如某个人、某个城市、某种植物、某种商品等，或者图 7-4 中的中国、美国、日本等。

内容：内容通常作为实体和语义类的名字、描述、解释等，可以由文本、图像、音视频等来表达。

属性和属性值：实体的特性称为属性，例如，图 7-4 中的首都这个实体有面积、人口两个属性；学生这个实体有学号、姓名、年龄、性别等属性。每个属性都有相应的值域，主要有字符、字符串、整数等类型。属性值是属性在值域范围内的具体值。

概念：概念是反映事物本质属性的思维形式，常表示具有同种属性的实体构成的集合。

关系：在知识图谱中，关系是将若干个图节点（实体、语义类、属性值）映射到布尔值的函数。

7.3.2 知识图谱的技术流程

知识图谱的技术流程遵循如图 7-5 所示的知识建模、知识获取、知识融合、知识存储、知识推理和知识应用的生命周期。知识建模和知识获取主要是从领域专家处获得专业知识的过程。获取知识的资源可以分为结构化、半结构化、非结构化数据三类。知识在数据中的分布具有多模态性、隐秘性、分布性、异构性及数据量巨大等特性。

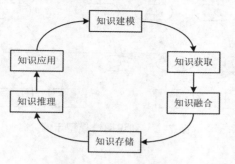

图7-5 知识图谱生命周期

7.3.2.1 知识建模

知识建模是定义领域知识描述的概念、事件、规则及其相互关系的知识表示方法，建立知识图谱的概念模型，即为知识和数据进行抽象建模，如表7-2所示为现有结构化比较好的知识图谱。

表7-2 不同知识图谱的概念信息

知识图谱	概念数	上下位关系数	知识图谱	概念数	上下位关系数
WordNet	25 229	283 070	WikiTaxonomy	111 654	105 418
Freebase	1 450	24 483 434	DBpedia	259	1 900 000

知识建模的核心是构建一个本体对目标知识进行描述，在这个本体中需要定义出知识的类别体系，每个类别下所属的概念和实体，某些概念和实体所具有的属性以及概念之间、实体之间的语义关系，如图7-6所示。

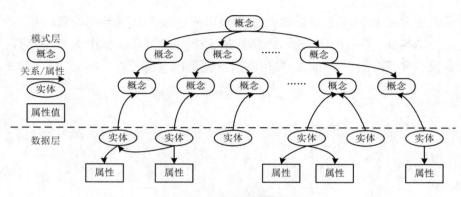

图 7-6　知识图谱模型示例

7.3.2.2 知识获取

知识获取是对知识建模定义的知识要素进行实例化的过程。知识图谱的数据主要来源有各种形式的结构化数据、半结构化数据和非结构化数据(如文本数据),如图 7-7 所示。

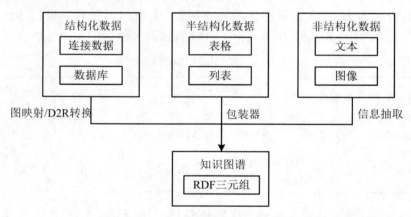

图 7-7　知识获取方法示意图

针对不同种类的数据,将利用不同的技术进行提取。通过 D2R (database to RDF,将关系数据库中的内容转换成 RDF 三元组)从结构化数据库中获取知识,主要的技术难点是复杂表数据的处理。通过图映射的方式从链接数据中获取知识,主要技术难点是数据对齐。使用包装器从半结构化数据中获取知识,主要难点是方便的包装器定义方法、包装器自动生成、更新与维护。非结构化数据抽取是知识图谱构建的核心技术,因为互联网上大部分信息都是以非结构化文本的形式存在,而非结构化文本信息的抽取能够为知识图谱提供大量高质量的三元组事实。目前主要是集中在非结构化文本中实体的识别和实体之间关系的抽取，涉及自然语言处理分析和处理技术，难度较大。

7.3.2.3 知识融合

知识融合是将已经从不同的数据源把不同结构的数据提取知识之后，把这些数据融合成一个统一的知识图谱的过程。

知识融合主要分为数据模式层融合和数据层融合。数据模式层融合是概念合并、概念上下位关系合并、概念的属性定义合并。数据层融合是节点（实体）合并、节点属性融合、冲突检测与解决。领域知识图谱的数据模式通常采用自顶向下（由专家创建）和自底向上（从现有的行业标准转化，从现有高质量数据源转化）结合的方式。数据层的融合主要涉及的工作就是实体对齐，也包括关系对齐、属性对齐，可以通过相似度计算、聚合、聚类等技术来实现。

7.3.2.4 知识存储

知识存储就是研究采用何种方式将已有知识图谱进行存储。知识图谱一般采用图数据库作为最基本的存储引擎。图数据库是使用图形结构进行语义查询的数据库，包含节点、边和属性来表示和存储数据。目前图数据库有很多，如 Ne04j、OpenLink、Bigdata 等，但比较常用且社区活跃的是 Ne04j。Ne04j 是一个原生的图数据库引擎，具有独特的存储结构免索引邻居节点存储方法，且有相应的图遍历算法，所以 Ne04j 的性能并不会随着数据的增大而受到影响；图数据结构自然伸展特性及其非结构化的数据格式，使得 Ne04j 的数据库设计可以具有很大的伸缩性和灵活性。同时，Ne04j 是一个开源的数据库，具有查询的高性能表现、易于使用的特性及其设计的灵活性和开发的敏捷性，以及稳定的事务管理特性等特点。

7.3.2.5 知识推理

通过知识建模、知识获取和知识融合，基本可以构建一个可用的知识图谱，但是由于处理数据的不完备性，所构建的知识图谱中肯定存在知识缺失，包括实体缺失和关系缺失。由于数据的稀疏性，很难利用抽取或者融合的方法对缺失的知识进行补齐。所以,需要采用推理手段发现已有知识中隐含的知识。

知识推理主要包括四个方面:

①图挖掘计算:基于图论的相关算法,实现对图谱的探索和挖掘。知识图谱的图挖掘计算主要包括:图遍历,图经典的算法,路径的探寻,权威节点分析,族群分析,相似节点发现。

②本体推理:使用本体推理进行新知识发现或冲突检测。

③基于规则的推理:使用规则引擎,编写相应的业务规则,通过推理辅助业务决策。

④基于表示学习的推理:即采用学习的方式,将传统推理过程转化为分布表示的语义向量相似度计算任务。当然知识推理不仅应用于已有知识图谱的补全,也可直接应用于相关应用任务。例如自动问答系统需要知识推理,关键问题是如何将问题映射到知识图谱所支撑的结构表示中,在此基础上利用知识图谱的上下语义约束以及已有的推理规则,并结合常识等相关知识,得到正确的答案。

7.3.2.6 知识应用

知识图谱主要集中在社交网络、金融、通信、制造业、医疗和物流等领域。

(1)企业知识图谱。

企业数据包括企业基础数据、投资关系、任职关系、企业专利数据、企业招投标数据、企业招聘数据、企业诉讼数据、企业失信数据、企业新闻数据等。利用知识图谱融合以上企业数据,可以构建企业知识图谱,并在企业知识图谱之上利用图谱的特性,针对金融业务场景有一系列的图谱应用。

①企业风险评估,基于企业的基础信息、投资关系、诉讼、失信等多维度关联数据,利用图计算等方法构建科学、严谨的企业风险评估体系,有效规避潜在的经营风险与资金风险。

②企业社交图谱查询,基于投资、任职、专利、招投标、涉诉关系以目标企业为核心向外层扩散,形成一个网络关系图,直观立体地展现企业关联。

③企业之间路径发现,在基于股权、任职、专利、招投标、涉诉等关

系形成的网络关系中,查询企业之间的最短关系路径,衡量企业之间的联系密切度。

（2）交易知识图谱。

金融交易知识图谱在企业知识图谱之上,增加交易客户数据、客户之间的关系数据以及交易行为数据等,利用图挖掘技术,包括很多业务相关的规则,来分析实体与实体之间的关联关系,最终形成金融领域的交易知识图谱。在银行交易反欺诈方面,可以从身份证、手机号、设备指纹、IP等多重维度对持卡人的历史交易信息进行自动化关联分析,关联分析出可疑人员和可疑交易。

7.4 知识推理

推理(reasoning)是思维的基本形式之一,是由一个或几个已知的判断(前提)推出新判断(结论)的过程。

在人工智能系统中,利用知识表示法表达一个待求解的问题后,还需要利用这些知识进行推理和求解问题,知识推理就是利用形式化的知识进行机器思维和求解问题的过程。

如果知识推理过程中所用的知识都是精确的,推出的结论也是精确的,就称为确定性推理,否则称为不确定性推理。

确定性推理的方法有很多。根据推理的逻辑基础,确定性推理可分为演绎推理(一般到特殊)、归纳推理(特殊到一般)和类比推理(特殊到特殊或一般到一般)。例如,归纳推理就是根据观察、实验和调查所得的个别事实,概括出一般原理的一种思维方式和推理形式。

一般来说,知识推理系统需要一个存放知识的知识库、一个存放初始证据和中间结果的综合数据库和一个推理机。这3个组成部分的实现方案与知识表示法密切相关。

7.4.1 人类推理

人类推理大致可分为以下几类。

7.4.1.1 正向推理

正向推理的基本思想是，事先准备一组初始事实并放入综合数据库中，然后推理机根据综合数据库中的已有事实，到知识库中寻找可用的知识。这种从已知事实（数据）出发，正向使用推理规则的策略称为数据驱动策略。

举例：张三看到一个"有蹄""有长脖子""有长腿""有暗斑点"的动物，请动物分类系统告诉他"这是什么动物"。

设该动物分类系统的知识库中存储了以下规则性知识。

R1：if "动物有毛发" then "动物是哺乳动物"

R2：if "动物有奶" then "动物是哺乳动物"

R3：if "动物有羽毛" then "动物是鸟"

R4：if "动物会飞" and "会生蛋" then "动物是鸟"

R5：if "动物吃肉" then "动物是食肉动物"

R6：if "动物有犀利牙齿" and "有爪" and "眼向前方" then "动物是食肉动物"

R7：if "动物是哺乳动物" and "有蹄" then "动物是有蹄类动物"

R8：if "动物是哺乳动物" and "反刍" then "动物是有蹄类动物"

R9：if "动物是哺乳动物" and "是食肉动物" and "有黄褐色" and "有暗斑点" then "动物是豹"

R10：if "动物是哺乳动物" and "是食肉动物" and "有黄褐色" and "有黑色条纹" then "动物是虎"

R11：if "动物是有蹄类动物" and "有长脖子" and "有长腿" and "有暗斑点" then "动物是长颈鹿"

R12：if "动物是有蹄类动物" and "有黑色条纹" then "动物是斑马"

R13：if "动物是鸟" and "不会飞" and "有长脖子" and "有长腿" and "有黑白二色" then "动物是鸵鸟"

R14：if "动物是鸟" and "不会飞" and "会游泳" and "有黑白二色" then "动物是企鹅"

R15：if"动物是鸟"and "善飞"then "动物是信天翁"

首先张三向该动物分类系统的数据库中存放该动物的初始事实（数据），即"有蹄""有长脖子""有长腿""有暗斑点"，然后动物分类系统开始进行从数据到结论的正向推理过程。其算法基本过程如下。

①依次从知识库中取一条规则，用初始事实与规则中的前提事实进行匹配，即看看这些前提事实是否全在数据库中。若不全在，取下一条规则进行匹配；若全在，则这条规则匹配成功。假设现在从知识库中取到的规则为 R6，其前提事实是"动物有犀利牙齿""有爪""眼向前方"，这些与张三在数据库中存放的"有蹄""有长脖子""有长腿""有暗斑点"显然不匹配，需要取下一条规则进行匹配。如果从知识库中恰好取到了规则 R11，其前提事实是"动物是有蹄类动物""有长脖子""有长腿""有暗斑点"，4 个事实全在数据库中，于是这条规则匹配成功。

②将匹配成功的规则结论部分的事实作为新的事实增加到数据中，并记下该匹配成功的规则。此时，数据库增加了一个事实："动物是长颈鹿"。

③用更新后的数据库中的所有事实重复步骤①和②，如此反复进行，直到全部规则都被用过。

正向推理的优点是过程比较直观，由使用者提供有用的事实信息，适合用于求解判断、设计、预测等问题。通过以上例子我们也能体会到，正向推理可能会执行很多与解无关的操作。设想一下，如果例子中的动物分类系统知识库中有成千上万条规则，而能够匹配的那条规则恰好排在最后，这样的推理不是效率很低吗？

7.4.1.2 逆向推理

逆向推理的推理方式和正向推理的正好相反，其基本思想是，先提出一个或一批假设的结论，然后以此为目标，为验证该结论的正确性去知识库中找证据。逆向推理这种从结论到数据的反向推理策略称为目标驱动策略。

下面尝试用逆向推理策略重新求解上例的问题。

张三看到一个"有蹄""有长脖子""有长腿""有暗斑点"的动物，他提出的假设是："这个动物可能是斑马，也可能是长颈鹿。"若动物分类系统采用逆向推理策略来验证这两个假设，其推理过程如下。

①将问题的初始事实"有蹄""有长脖子""有长腿""有暗斑点"放入综合数据库,将两个假设"斑马"和"长颈鹿"作为要求验证的目标放入假设集。

②从假设集中取出一个假设,如"斑马",在知识库中找出结论为"斑马"的规则(这个规则是 R12),然后检查该规则的前提事实"有蹄"和"有黑色条纹"是否与综合数据库中存放的初始事实"有蹄""有长脖子""有长腿""有暗斑点"相符。结果为不相符,则继续从假设集中取出下一个假设"长颈鹿"。

③在知识库中找出结论为"长颈鹿"的规则(这个规则是 R11),然后检查该规则的前提事实是否与综合数据库中存放的初始事实相符。结果为两者相符,则"长颈鹿"的假设成立。

逆向推理的优点是推理过程中目标明确,不必寻找与目标无关的信息和知识。

正向推理和逆向推理都有各自的优缺点。当问题较复杂时,常常将两者结合起来使用,互相取长补短,这种推理称为混合推理。

7.4.1.3 演绎推理

演绎推理使用问题事实或公理和规则或暗示形成相关的一般性知识。该过程首先比较公理和规则集,然后得出新的公理。例如:

规则:如果我站在雨中,我会淋湿。

公理:我站在雨中。

结论:我会淋湿。

演绎推理在逻辑上很吸引人,是人类最常用的通用问题求解技术之一。

7.4.1.4 归纳推理

人类使用归纳推理,通过一般化过程从有限的事实得出一般性结论。考证下面的例子:

前提:匹兹堡动物园的猴子吃香蕉。

前提:长沙动物园的猴子吃香蕉。

结论:一般来说,所有猴子都吃香蕉。

通过归纳推理,在有限的案例基础上可以得出某种类型所有案例的一般化结论。这是从部分到全部的转换,这就是归纳推理的核心。

7.4.1.5 类比推理

人类通过其经验形成一些概念的精神模型。它们通过类比推理使用这个模型,来帮助他们理解一些情况或对象。他们得出两者的类比,寻求异同,来引导其推理。

下面看看类比推理的例子:

老虎(以孟加拉虎为例)框架

类别:动物

腿的个数:4

食物:肉

生活地区:南亚

颜色:茶色带斑纹

框架提供了获取典型信息的自然途径,可以用它来表示一些相似对象的典型特征。例如,在这个框架里列举了老虎的几个共同特征。如果要进一步说明狮子像老虎,就自然地假设它们具备一些相同的特征,例如都吃肉。但是也有区别,例如它们的颜色不同,并且生活在不同的地区。这样,使用类比推理,可获取对新对象的理解,通过提出一些特殊差别来加深理解。

7.4.1.6 常识推理

人类通过经验学会高效地求解问题。他们使用常识来快速得出解决方案。常识推理更依赖于恰当的判断而不是精准的逻辑。考虑下面汽车诊断问题的例子。

松散的风扇叶片往往引起奇怪的噪声。当汽车发出奇怪的噪声时,人可能凭常识立即怀疑是风扇叶片松了。这种知识也称为启发知识,即拇指规则。

当启发信息用来指导专家系统的问题求解时,称它为启发搜索或优先搜索。这种搜索寻求最可能的解。它不保证一定在寻找的方向内找到解;只有找寻的方向是合理的,才能找到。启发搜索对需要快速求解的应用有价值。

7.4.1.7 非单调推理

大多数情况下,问题使用静态信息。也就是说,在问题求解过程中,各种事实的状态(即真或假)是不变的。这种类型的推理称为单调推理。

但有些问题会改变事实的状态。举例来说,把一则儿歌"风儿轻轻地吹啊摇篮悠悠地摇噢"表示成如下规则形式:

IF 吹风 THEN 摇篮会吹动

然后,借用另一个消息,作为以下规则:

阿姨,坏人来了!一吹风一摇篮摇动了

坏人经过时,要摇动摇篮。但是,坏人走了以后,要停止摇动摇篮。

人类不难跟踪信息的变化。事情改变时,他们易于调整其他相关事件。这种风格的推理称为非单调推理。

如果有真理维护系统(Truth Maintenance System, TMS),专家系统就可以执行非单调推理。真理维护系统保持引起事实的记录。所以,如果原因消除了,事实也会撤销。对于上面的例子,使用非单调推理的系统将撤销摇篮的摇动。

7.4.2 机器推理

本节介绍专家系统如何使用知识进行推理,以解决问题。专家系统使用推理技术对人类的推理过程进行建模。

专家系统使用推理机模块进行推理。推理机为使用当前信息得出进一步结论的处理机,它组合工作内存中的事实和知识库中的知识。通过这种行为能够推导出新的信息,并加入工作内存中。图7-8显示了这个过程。

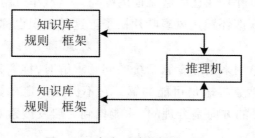

图 7-8　专家系统的推理过程

还要考虑以下推理问题：

（1）向用户问什么问题？

（2）如何在知识库中搜索？

（3）如何从大量规则中选用一个规则？

（4）得出的信息如何影响搜索过程？

下面给出解决此类问题的逻辑推理基础。

7.4.2.1 假言推理

逻辑推理也使用简单的规则形式，称为假言推理（modus ponens）。

IF A 是正确的

AND A → B 是正确的

THEN   B 是正确的

推论：断言"如果 A 为真，且 A 蕴含 B 也是真的，那么假设 B 是真的"的逻辑规则。

推论使用公理（真命题）来推导出新的事实。例如，如果有形如"$E^1 → E^2$"的公理，并且有另一个公理 E^1，那么 E^2 就合乎逻辑地得出真值。

7.4.2.2 消解

假言推理从初始问题的数据求出新的信息。这是一种在应用中选择推理的过程。它对于从可用信息中尽可能多地学习是很重要的。但是，在其他应用情况下，需要搜集特定信息来证明一些目标。例如，试图证明患者患有喉炎的医生会进行适当的测试，以获取支持性的证据。这种推理是罗宾逊（Robinson）于 1965 年首先提出的，并成为 Prolog 语言的基本算法。

逻辑系统中用于决定断言真值的推理策略，称为消解或归结（resolution）。

7.4.2.3 非消解

在消解中，目标、前提或规则间没有区别。这些目标、前提或规则都被加到公理集中，然后使用推理的消解规则进行处理。这种处理方式可能使人混乱,因为不知道要证明的是什么。非消解或自然演绎技术试图通过指向目标的方法来证明某些语句以克服这种问题。

第 **8** 章

人工智能的未来

我们会给予人工智能机器多大的权利，来让它们替代人类做出选择？从某些方面来说，一些重要的选择已经交给人工智能，例如银行利用电脑筛选出有偿还能力的贷款人。如今，越来越多的选择由电脑完成，而我们亲自参与管理世界的机会则在减少。过度依赖我们不能直接掌控的系统有很大隐患。如果人类过度依赖人工智能系统，一旦系统因为病毒或程序错误而死机，人类社会最终将无法继续运转。

　　但话又说回来，人工智能的创新给人类带来了极大的好处。随着人工智能研究的发展，科技获得了日新月异的进步。人工智能被应用于越来越多的领域，人类的生活质量也越来越高。人工智能的未来既令人兴奋，同时又隐含危险，每一代人工智能都需要输入足够多的信息才能做出明智的选择这一点非常重要。

　　在计算机时代以前的神话传说以及小说中曾经提到过给予无生命的物体生命、人的意识和智能。也许真正意义上的人工智能只是神话的现代版本。围绕图灵测试、西尔勒中文屋子和哥德尔不完美理论的哲学争论仍然非常激烈。人类智能可以被模拟、复制甚至是超越吗？随着计算机技术的高速发展，人工智能会有怎样的未来呢？计算机有朝一日会成为艺术家、政治家或者教师吗？抑或它们只不过是人类的无思想的电子奴仆呢？

8.1　人工智能的复制

计算机擅长处理需要逻辑和运算的任务——它们在这方面已经领先于人类。这意味着在设计其他计算机时,它们可以发挥非常重要的作用。与人类相比,一台智能计算机可以更好地完成制造、改良智能计算机的工作。但是否能说,只有将设计和制造人工智能的工作掌握在人类手里,我们才能高枕无忧呢? 就目前而言,我们是根据需求来相应地设计新型机器,如果把这项工作交给计算机,它的设计或许会与我们的预期有很大的偏差。计算机在改良模型或机器时的“想法”并不一定总能契合我们的要求。

麻省理工学院已经开始着手利用计算机来设计智能机器。他们致力于开发一个设计系统,使机械设计师可以和计算机通过“白板”交流——像普通的人际沟通一样画草图和交换想法。计算机可以提出有价值的问题,进行计算,并给出建议,然后很快地得出优化计算机的设计方案。

8.2　机器人技术的进化

在科幻小说和电影中,经常会出现计算机或机器人统治世界的描述。有人担心这也许会在未来成为现实。如果我们创造的人工智能系统可以设计其他人工智能并且进行自我优化,那么它可能会开始“考”人在这个世界中扮演的角色。

战争、饥荒、环境破坏……都可能是人工智能想要结束的恶行。按照这个逻辑,人工智能可能会认为人类在治理地球方面一无是处,而机器会更胜一筹。智能机器最终从人类手中接管地球似乎仍然难以想象，那么，这种场景只会存在于噩梦当中还是有可能成为真的威胁？

就此问题，研究人工智能的学者没能达成一致。有些学者认为我们很安全，因为我们掌控着机器的能源和制造，我们可以切断能源供应或停止制造机器；而另一些学者则认为，人工智能程序可以通过互联网进行交流，它们或许有能力控制电网，并有足够的智能来规避人类的控制。我们对计算机操控系统的依赖性如此之大，完全有可能沦为机器的"人质"，它们有可能引爆炸弹、摧毁警察系统，或引发经济危机。

8.3 人工智能未来发展趋势

目前，人工智能的发展迎来了新一轮的高峰期。面对这一全新的技术领域，国家和企业都在奋力争夺其主导权。人工智能的不断发展进步，将会颠覆我们未来的生活。人工智能未来的发展趋势可以分为以下阶段。

（1）服务智能。

在人工智能目前技术的基础上，取得进步，人工智能机器始终用来辅助人类，这也和创造人工智能最初的目的相符合。人工智能最初的设计就是用来为人类服务的。在未来，工厂生产中使用全自动化智能生产线，可以提高生产效率和生产的安全性，图8-1为汽车工厂的机器人手臂；日常生活中，医疗辅助机器人（图8-2）、扫地机器人（图8-3）等随处可见，使人们的生活变得更加便利。

（2）科技突破。

在原有的人工智能技术上取得显著突破，如在语音识别方面可以分析自然语言中的暧昧、模糊成分，预测出"潜台词"，能够完全理解人类对话。

（3）超级智能。

随着研究的持续深入、技术的不断发展和进步，人工智能只有在日常生活中吸取、积累经验，适应不断变化的环境，才能全面超越人类，实现人机完全共融,人工智能能够像人一样思考、行动。图 8-4 所示为机器人下棋。

图 8-1　汽车工厂的机器人手臂

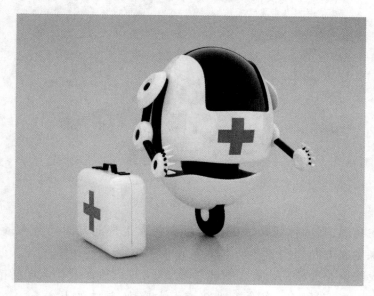

图 8-2　医疗辅助机器人

图 8-3　扫地机器人

图 8-4　机器人下棋

在我国,目前体量较大的四个巨头在人工智能方面均有大量投入,其未来发展方向如图 8-5 所示。

我国企业争相进入人工智能领域,极大地促进了我国人工智能的发展。在未来,我国人工智能行业将有五大趋势,具体如下。

(1)机器学习与场景应用将迎来下一轮爆发。

数据存储容量和技术能力为机器学习提供了基础保障。机器学习是人工智能的核心技术和应用手段,在我国其主要应用的细分领域有计算机视觉(研发类)、自然语言处理、私人虚拟助理、智能机器人和语音识别,但目前还存在运算能力、通用性等问题。基于生活、教育、健康和安防等场景的场景应用成为国内企业在人工智能领域的突破口。未来我国人工智能行业的发展主要为机器学习和场景应用。

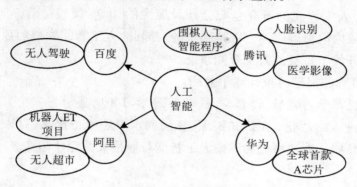

图8-5　四个巨头未来发展方向

（2）专用领域的智能化仍是发展核心。

GPU计算速度日益增加,基础技术平台飞速发展,人工智能网络的构建取得重大突破,但人工智能算法和技术复杂,未来人工智能仍集中在人脸识别、语音识别等专用领域。如果由专用领域向通用领域过渡,自然语言处理和计算机视觉将成为最大的突破口。随着专用领域研究的不断深入,通用领域所需技术也会日臻成熟而有所突破。

（3）产业分工日渐明晰,企业合作大于竞争。

我国人工智能产业由于技术的差异化分为底层基础构建、通用场景应用和专用应用研发三个方向。

①底层基础构建。

以自身数据、算法、技术和服务器优势为依托,为行业链条的各公司提供基础资源支持,并将自身优势转化为应用领域的研究,形成自身生态内的完整人工智能产业链。

②通用场景应用。

主要进行计算机视觉和语音识别方向的研发,可以为安防、教育和金融等领域提供通用解决方案。

③专用应用研发。

集中了大部分硬件和创业企业,以小米和Broadlink为代表的智能家居解决方案商,以及出门问问、Linkface和优必选等差异化应用的提供商。

（4）系统级开源将成为常态。

闭门造车总归是故步自封、脱离实际的，而人工智能的研究也是一样，由于人工智能的研究总归会涉及庞大的计算、领域交差等问题，在封闭环境内取得阶段性突破是困难的。因此，人工智能领域的顶级企业都先后开放了自身的人工智能系统。

（5）算法突破将拉开竞争差距。

在机器学习领域，监督学习、非监督学习和增强学习三个方面算法的竞争进入白热化；在认知层面，算法的水平还亟待提高，是未来竞争的核心领域。算法将成为国内人工智能行业最大的竞争门槛。

8.4 人工智能带来的影响

人工智能技术的发展给人类社会带来诸多问题。我们应该以辩证的态度看待人工智能，正视人工智能带来的问题，以有效的政策努力消除负面影响。人工智能带来的影响主要为经济影响和社会影响。

8.4.1 对经济的影响

自人工智能诞生以来，到现在开始与各类行业进行深度融合，现有经济结构也开始转变。人工智能对经济增长的激发有三种方式，具体如下。

（1）转换工作方式，有效利用时间，大幅度提升劳动生产效率。

（2）代替大部分劳动力，成为一种全新的生产要素。

（3）带动产业结构升级，推动相关行业创新，开拓服务、医药等行业经济发展的新资源。

在未来，到 2030 年，人工智能将给世界经济带来 15.7 万亿美元，其中，中国和美国将获益 10.7 万亿美元，是人工智能最大的受益者。到 2035 年，我国劳动生产率将提高 27%，经济年增长率将从 6.3% 提高至 7.9%。

8.4.2 对社会的影响

随着人工智能创新向前推进,深远的影响也接踵而至,我们必须思考如何去处理这些关注点。如果人工智能技术可以实现电子人,可以增强人类的能力,那恐怕只有富人才有这样的改造机会,与此同时,穷人支付不起大脑移植或仿生肢体的费用,贫富差距恐怕会进一步拉大。

智能社交机器人是否会大幅减少人与人之间的交流,是否会影响人际交往的质量?如果人们可以与更容易相处且性格直率的机器人进行互动,那么他们还会选择和可能喜怒无常、表里不一的人类做朋友吗?诸如发短信或使用社交媒体这样简单的事情已经对人们的面对面交流和实时电话沟通造成了巨大影响。人工智能可以从根本上改变人们对待人际关系和社群的态度。

如果人工智能系统既接管了粗活又能干技术活,那么被它们替换下来的失业人群将会如何?过去几年里,美国失业率不断上升,心理障碍问题在人群中的发生比例和犯罪率也随之提高。任何部门的工作都有可能由机器人完成。这一影响可能会渗透到教育行业:如果一个人因为接受教育而背负债务,只得到很少的工作机会,那么他继续深造的回报就会减少。人类会不会因为对社会的贡献变少而"贬值"?如果是这样的话,那么关于堕胎和安乐死的法律——为了让他人免于痛苦而有意地结束其生命——会受到什么样的影响呢?

目前人工智能面临着极大的挑战,不仅是对经济和社会的影响,还包含着方方面面的问题。随着人口红利的消失以及社会老龄化程度的加剧,人工智能制度和技术红利的发展成为必然趋势。从长远来看,科技带来的就业机会将大于失业率,在未来将有一些新的岗位应运而生,如:人工智能的开发者、维护修理者等。

到那时,我国政府也将注重针对人工智能技术的相关政策进行规划协调,一方面可以加大力度对劳动力进行再培训和教育,使其能够从事一些人工智能方面的工作,未来的劳动力将更加适应智能社会和智能经济发展的需要。另一方面,人工智能的发展会使大量财富集中在少数人手中,加剧了社会财富的两极分化。

8.5　人工智能创新

　　尽管拓展人工智能的范围和能力会有很大风险,但人工智能也可以造福人类。人工智能也许可以解决目前棘手的问题,并赋予人类一些曾经只敢遥想的能力。

　　10多年来,谷歌一直致力于研发无人驾驶技术。截至2017年初,谷歌的无人驾驶原型车已经行驶了170万英里(约合274万千米)。

　　延长人类寿命和挽救生命是研发人工智能矢志不渝的目标之一。人工智能可以用来照顾老人,让他们可以更好地自主生活。这样一来,有养老负担的人们也可以继续工作,同时国家医疗支出也有望减少。

　　有了人工智能,汽车不仅能够逐渐实现自动驾驶,还有可能减少交通事故的发生。

　　另一个振奋人心的研究范围是人工智能可应用于增强人类的能力。电子人(Cyborgs)可能不再仅是科幻小说中的概念,也许我们真的可以将科学技术运用到人类的身体上。如果我们拥有可以和大脑协同工作、赋予我们超强记忆力,以及能处理复杂数学运算的人工智能设备,生产力会提高多少呢? 如果我们能用大脑连接互联网并"下载"技能,比如打字或学习语言,世界会变成什么样子呢? 如果有人失去了肢体,我们可以创造相应的人工智能来操控机械肢体,做出精细的动作——沿着这个方向进行研究,智能外骨骼可以帮助年长者轻松地步入老年生活。

　　随着机器人变得更加智能,感情更加丰富,它们可以和人类进行无缝对话。这有可能会改变我们的社交活动方式,因为到时候人们的注意力会从宠物和人际关系转移到人工智能上。从照顾儿童到陪伴老年人,人工智能系统可能刷新我们的家庭观和社交观。

8.5.1 智能代理

互联网是人工智能得到日益强烈的反应的一种应用。搜索某一条信息或者保持对某个感兴趣领域发展的了解都可以自动化。被称作"智能代理"的计算机程序在互联网上搜索和用户要求相关的内容,有些还可以根据用户的兴趣下载相关内容。

应用最广泛的智能代理给人的印象非常直观。在商务领域,智能代理已经被用来执行有较少人工操作的金融交易——找到最合适的生意并和其他智能代理交流,设计出销售条件。另外的一些智能代理可以自动"阅读"网上的报纸和期刊,搜索与某个公司有关的信息并对信息进行解释。将来智能代理会通过交谈的方式给人们提供一种与计算机之间更加人性化的互动。

8.5.1.1 电子大脑

从下到上的人工智能研究途径在设计能够展示学习和认知的计算机系统和机器人的方面取得了极大的成功。然而,通过模拟人类思想处理信息的方式,从上到下的途径能够胜任需要自然语言处理和推理的工作。一些研究人员相信,如果有足够的时间,从下到上的系统也可以拥有这样的能力——就像学习和感知方面已经做到的那样。

在以色列的特拉维夫,有一个名为"哈尔"的进化计算机程序,是模仿人类婴儿设计的,它可以学习英语,虽然很慢但很准确。两年之后,这个程序能够以呀呀学语的孩童说出的句子来进行交流,这些句子都是由三四个词组成,根据先前经验形成的。读过哈尔谈话文本的儿童发展专家认为它作出的回答方式是典型的人类儿童式的,哈尔的设计者们认为语言是一项可以后天获得的能力,并且使用了奖惩系统来帮助电子婴儿进行学习。他们希望可以通过从下到上途径的语言学习,忽略传统的从上到下途径提出的自然语言处理,给系统慢慢灌输一种真正的理解力。

8.5.1.2 更大更好

设计真正智能的另一途径是建造拥有更多互动人工神经元的、运算更快速、体积更大的计算机。1993年,日本的一个研究小组开始设计一个有着数以百万计的人工神经元的电子大脑——细胞自动控制机

（CAM），可以用来操纵一只机器猫。1997年，美国的个别公司资助的课题组开始设计细胞自动控制大脑机（CBM），到2000年完成的时候，CBM中包括7400万人工神经元，它的处理能力相当于一万台台式计算机。

CBM的人工神经元是建立在现场可编程门阵列（FPGAs）的电路上的。这些成分可以不断地、迅速地"重新编程"——相当于大脑中神经元之间连接的变化。CBM的神经元可以通过遗传法则每秒更新300次，设计者们希望它能够进化仿生能力。

CBM和机器猫并无联系。在最初的设计时，尽管它有着巨大的运算能力，可以在商务和科研中使用这种超级计算能力，却不能达到对人工智能的模仿。

尽管如此，许多研究人员还是认为CBM的设计过于单纯化。他们认为更合理的是采用更接近人脑的从下到上的设计方案。

8.5.2 相遇在脑部

人脑并不是神经元组成的可以自发学习网络的简单集合，它有自己的结构和工作顺序。例如，大脑有令人惊异的集中自己注意力的能力，它可以发现从外部世界接收到的信号的顺序，以各种方式排列的不同神经元都可以给予我们这种能力。有一种理论提出，信息从脑部进行高级处理部分发送到脑部的感知区域，并促使这些区域把注意力集中在某一特定方面。这种高级信息通过指示神经元组输入，当人工神经网络做到这一点时，注意力可以得到集中。这种原理使网络能在背景图案更加突出的情况下识别某个特定图案。

8.5.2.1 神经形态工程

几乎所有的对人工智能的尝试都是通过计算机运用二进制数学执行逻辑运算进行的。数码电子学是所有计算的关键，但是它也许不是人工智能的关键，对人工智能而言还有另外的更有希望的选择。与数码电子学对立的是类比电子学，后者输入和输出都是以电流量来定义的，而不是像前者一样以抽象数字代替。

神经形态工程的新兴理论中，研究人员设计的类比电子网络是非常接近动物的脑部结构的。在这种网络中对实际电流量的测量非常重要。神经形态电路与传统的数码电路相比,更简单,更快,消耗的能源更少。

8.5.2.2 电子感官

大多数神经形态实验都集中于设计电子感官。其中最好的例子是视网膜——眼内的光感屏幕。神经形态工程师米沙·马霍沃尔德与美国电子学领袖卡福·梅德设计了"硅网膜",它是由人工类比神经元组成的,这种神经元对图像的滤光作用与人眼中视网膜的神经元是相同的。另一种方法是给机器人装上根据苍蝇复杂的视觉系统设计的神经形态器官。这种电路比传统的机器人视觉系统耗电更少。

神经形态工程对人工智能的研究将造成深远的影响。因为电路模拟的是生物系统,神经形态设备可以植入人体,作为有缺陷的耳朵、眼睛、鼻子的替代品。人工感觉器官将与生物神经元互动,并向脑部传送信息。为了使这一切能够实现,电路必须能够与生物神经元进行有效的交流。

数十年后的未来,人工智能机器可能与人类别无二致。经过精心设计,它们可以作为独立的存在来思考、学习、感知及行动,能够无限量地扩充知识和提高效率。好似生物学和化学的发展——既带来了全新的药物,也带来了化学战之类的危机——人工智能也充满了无限潜力和巨大风险。

随着技术的迅猛发展,人类必须去预测可能面对的挑战。伦理委员会需要思维缜密的成员来编写完善的关于人工智能的伦理规范;政府官员、法官和律师要齐心协力制定人工智能领域的相关法律;军队领导要严格限定智能系统在战争中的应用……这些人员必须进行跨领域交流,使人工智能技术的益处最大化而危害最小化。人们对人工智能的了解和交流越多,我们就越有可能在前进的过程中做出更明智的决定。

参考文献

[1] 李公法. 人工智能与计算智能及其应用 [M]. 武汉：华中科技大学出版社,2020.

[2] 杨杰. 人工智能基础 [M]. 北京：机械工业出版社,2020.

[3] 韩雁泽,刘洪涛. 人工智能基础与应用 [M]. 北京：人民邮电出版社,2021.

[4] 何泽奇,韩芳,曾辉. 人工智能 [M]. 北京：航空工业出版社,2021.

[5] 徐洁磐. 人工智能导论 [M]. 北京：中国铁道出版社,2019.

[6] 姚金玲,阎红. 人工智能技术基础 [M]. 重庆：重庆大学出版社,2021.

[7] 刘刚,张呆峰,周庆国. 人工智能导论 [M]. 北京：北京邮电大学出版社,2020.

[8] 杨忠明. 人工智能应用导论 [M]. 西安：西安电子科技大学出版社,2019.

[9] 刘峡壁,马霄虹,高一轩. 人工智能：机器学习与神经网络 [M]. 北京：国防工业出版社,2020.

[10] 刘勇,马良,张惠珍,等. 智能优化算法 [M]. 上海：上海人民出版社,2019.

[11] 焦李成. 人工智能、类脑计算与图像解译前沿 [M]. 西安：西安电子科技大学出版社,2019.

[12] 罗先进,沈言锦. 人工智能应用基础 [M]. 北京：机械工业出版社,2021.

[13] 张雄伟. 智能语音处理 [M]. 北京：机械工业出版社,2020.

[14] 杨露菁,吉文阳,郝卓楠,等.智能图像处理及应用 [M].北京:中国铁道出版社,2019.

[15] 王东云,刘新玉.人工智能基础 [M].北京:电子工业出版社,2020.

[16] 李林.智慧城市大数据与人工智能 [M].南京:东南大学出版社,2020.

[17] 任友群.人工智能 [M].上海:上海教育出版社,2020.

[18] （美）戴夫·邦德著;徐婧,原蓉洁译.人工智能 [M].广州:广东科技出版社,2020.

[19] 周才健,王硕苹,周苏.人工智能基础与实践 [M].北京:中国铁道出版社,2021.

[20] 常成.人工智能技术及应用 [M].西安:西安电子科学技术大学出版社,2021.

[21] 史劲.人工智能领域的机器学习算法研究 [J].中国新通信,2021,23（24）:48-49.

[22] 郭恒川.人工智能中的机器学习技术应用 [J].电子技术,2021,50（10）:294-296.

[23] 张允耀,黄鹤鸣,张会云.复杂噪声环境下语音识别研究 [J].计算机与现代化,2021（9）:68-74.

[24] 李青云.语音识别算法及其在嵌入式系统中的应用 [J].电子技术与软件工程,2021（17）:81-82.

[26] 王斌,王育军,崔建伟,等.智能语音交互技术进展 [J].人工智能,2020（5）:14-28.

[27] 唐景昇,郭瑞斌,代维,等.基于脑机交互的未来混合智能系统设计与实现 [J].人工智能,2021（6）:106-112.

[28] 刘亚明,黄慧.基于视觉感知的人机交互界面优化设计研究 [J].机械设计与制造工程,2021,50（3）:5-8.

[29] 陈婕.人工智能时代计算机视觉技术的发展趋势研究 [J].信息记录材料,2021,22（11）:43-44.

[30] 孙哲南,李琦,刘云帆,等.计算机视觉与模式识别研究进展 [J].科研信息化技术与应用,2019,10（4）:3-18.

[31] 彭菲.生物特征识别技术的现状和未来展望 [J].中国安防,

2021（11）：78-81.

[32] 李维峰．浅谈常用生物特征识别技术的优缺点 [J]．网络安全技术与应用，2021（8）：144-146.

[33] 周小军，王凌强，郭玉霞，等．基于生物特征识别的身份认证及相关安全问题研究 [J]．工业仪表与自动化装置，2018（4）：16-20.

[34] 陈烨，周刚，卢记仓．多模态知识图谱构建与应用研究综述 [J]．计算机应用研究，2021，38（12）：3535-3543.

[35] 张翔，杨伟杰，刘文文，等．人工智能时代知识图谱表示学习方法体系 [J]．科技导报，2021，39（22）：94-110.